東京見便錄

東京の過去、現在、未來のトイレたち

窺看廁所「大」「小」事

文——齊藤政喜
繪者——內澤旬子
合譯——林佩儀、阿夜

東京見便錄

窺看廁所「大」「小」事

原著書名　東京見便録

作　　者　齊藤政喜・內澤旬子
譯　　者　林佩儀・阿夜
美術設計　黃暐鵬
中文手寫字　大牛
責任編輯　林如峰
編輯總監　劉麗真
總 經 理　陳逸瑛
發 行 人　涂玉雲
法律顧問　台英國際商務法律事務所　羅明通律師
出　　版　麥田出版
台北市中山區104民生東路二段141號5樓
電話：(02) 2-2500-7696　傳真：(02) 2500-1966
blog：ryefield.pixnet.net/blog
發　　行　英屬蓋曼群島商家庭傳媒股份有限公司城邦分公司
台北市民生東路二段141號11樓
書虫客服服務專線：02-25007718・02-25007719
24小時傳真服務：02-25001990・02-25001991
服務時間：週一至週五 09:30-12:00・13:30-17:00
郵撥帳號：19863813　戶名：書虫股份有限公司
讀者服務信箱 E-mail：service@readingclub.com.tw
歡迎光臨城邦讀書花園　網址：www.cite.com.tw
香港發行所　城邦（香港）出版集團有限公司
香港灣仔駱克道193號東超商業中心1樓
電話：(852) 25086231　傳真：(852) 25789337　E-mail：hkcite@biznetvigator.com
馬新發行所　城邦（馬新）出版集團【Cite(M) Sdn. Bhd.(458372U)】
11, Jalan 30D/146, Desa Tasik, Sungai Besi, 57000. Kuala Lumpur, Malaysia
電話：(603) 90563833　傳真：(603) 90562833
印　　刷　中原造像股份有限公司
總 經 銷　聯合發行股份有限公司　電話：(02)2917-8022　傳真：(02)2915-6275
初　　版　2010年（民99）7月

定　　價　新台幣260元
ISBN　978-986-173-659-4　Printed in Taiwan

國家圖書館出版品預行編目資料

東京見便錄 / 齊藤政喜作；內澤旬子繪圖；林佩儀, 阿夜合譯. -- 初版. -- 臺北市：麥田出版：家庭傳媒城邦分公司發行, 2010.07
面；　公分. --（日趣味；7）
譯自：東京見便録
ISBN 978-986-173-659-4（平裝）
1. 廁所 2. 衛生設備 3. 日本
441.615　　99010615

目錄

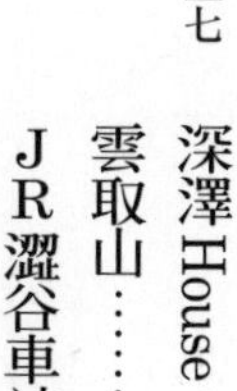

目錄

第五章 迎向未來 未来へ……一三七

東京見便錄

高円寺「秀健莊」

我有個「亞洲廁所評論家」的稱號。

如同從飲食文化可以看出一個國家的民情一般，各國獨特的排泄文化也能帶領我們一窺其國民性、社會構造與宗教觀……。於是，我與擅長紀實風格的插畫家內澤旬子攜手合作，到亞洲各國進行採訪，並完成我的前一本拙作《東方見便錄》。

《東方見便錄》出版之後，多虧各方媒體、雜誌的報導介紹，引起不小迴響。不知不覺中，「亞洲廁所評論家」的稱號就一直跟著我。

雖然我們只走訪了八個國家，卻深入一般旅人未曾踏足的隱密世界，不斷體驗各種衝擊，也令人恍然大悟。

舉例來說，有將排泄物留下餵養豬隻的尼泊爾山岳廁所，種性制度下印度婦女專用的小便器，依照伊斯蘭教方位與規定設置的伊朗人的廁所，以及印尼的全方位開放廁所等等……

隨著各國的宗教、社會、氣候、風俗民情等因素所形成的獨特的排泄文化，除了讓人真實感受到亞洲的多元性與深奧之外，相對地，也凸顯出日本的特殊性。

從觀察世界的角度來看，我們認為理所當然的排泄行為與廁所設備，其實有著令人嘖嘖稱奇的地方。

馬桶的方向就是其中之一。

瞧瞧坐式馬桶的方向便可得知。一般來說，日本以外的亞洲各國、西歐等地，打開廁所門進去之後，必須轉一八〇度面向廁所門坐下。使用日本傳統的蹲式馬桶時，屁股則是朝向廁所門，不然就是馬桶的方向與廁所門平行。沒有一個蹲式馬桶與坐式馬桶一樣，是面對廁所門蹲下使用的。

免治馬桶的誕生大概也是拜潔癖至上主義的日本人所賜，又稱為「水洗トイレ」。仔細想想，這名字還真怪。用水流沖掉排泄物的馬桶應該叫作「水流[注一]トイレ」才對。雖然這個用法也沒錯，但是強調「水洗」這一點，似乎有些失真。

這本《東方見便錄》的續集，是將聚焦在亞洲的核心——日本，介紹關於東京廁所的種種。既然是日本人習以為常的廁所，理應不會出現什麼驚人的文化衝擊才對。

不過，本書撰寫的目的與《東方見便錄》相同，意圖從排泄文化探討現代東京。

首先，就來談談我過去居住過的公寓裡的廁所吧。

❖

時值昭和五五年（一九八〇），發生約翰・藍儂中槍、山口百惠退出演藝圈等事件。

高中畢業後，我拿到報社的獎學金，寄住新宿的一間派報公司半工半讀了一年。由於嚮往自由自在的獨居生活，開始在高円寺附近尋找廉價的出租公寓。

選擇高円寺的理由是，我高中在長野縣松本市就讀，對中央沿線[注二]有股莫名親切感，加上吉田拓郎的那首〈高円寺〉（高中時期曾是吉田拓郎的迷）讓我對高円寺留下不錯的印象的緣故。

注一　日語動詞「流」是沖掉、流掉的意思。

注二　從東京搭中央線，再換搭中央本線，即可抵達松本市。

住在派報公司裡畢竟有許多不便之處，所以希望能夠找到租金一萬八千圓以下、附廁所的公寓。某天，房屋仲介公司的廣告吸引我的目光。

「附公用廁所」

嗄？

這是怎麼回事？一般來說，出租公寓都是「公用廁所」，要不就是「附廁所」。一開始我以為是對方寫錯了。實際上，的確是「附公用廁所」。

公用廁所位於兩個房間之間，供兩邊房客使用，可說是一間「兩房專用廁所」。雖然有點奇怪，不過當時其他條件都符合我的需求，我還是租了下來。當然，我花了好一段時間才適應那間廁所。

它跟一般廁所不同的地方是，馬桶的左右兩側都有門，而那兩扇門分別設了內鎖與外鎖。

使用方法如下述。

如果我要用廁所的話，必須先打開外鎖進去，然後鎖上另一扇門的內鎖（否則隔壁房客可能會打開廁所）。用完廁所後打開內鎖（不然隔壁房客無法進廁所），出了廁所再把外鎖鎖上（否則隔壁房客可以經由廁所進入我房間）。

習慣之後，其實它就是自己房間的專用廁所。若不小心忘了打開另一扇門的內鎖，不是我進不了廁所，就是隔壁房客無法使用廁所。

這個時候，只好去請對方「幫忙打開廁所的內鎖」。我和隔壁房客之間，除了這句話，沒有其他話題或寒暄，想想也滿不可思議的。由於我們的作息時間不同，加上我來自鄉下，以為冷漠以對才能假裝是都市人，所以互不干涉。

至於衛生紙的補充跟打掃問題，我們並沒有特別討論，都自動自發地保持乾淨整潔。隔壁房客是名二十出頭的年輕人，共用廁所是我與他之間唯一的關連。

有一回，和我一同在新宿打工的女同事來家裡展現廚藝，當下那間公用廁所顯得頗煞風景。

我的房間很小，小流理臺旁就是廁所。

她在廚房做菜時，碰巧隔壁房客進到廁所裡，傳來清楚的噓噓排尿聲。

當時她默不作聲，而我又不曉得該說什麼才好，現場氣氛陷入一片尷尬。不過還好他只上的是小號，不是大號，這應該算是不幸中的大幸吧……

我在那間公寓住了長達一年的時間，隔年便到名古屋念大學。大學畢業後在東京當個自由作家，卻一直沒機會回去高円寺的公寓看看，之後我再度離開東京，搬到八岳山麓。

這次藉由撰寫《東京見便錄》，才有機會重訪睽違了二十四年的高円寺。

那間木造公寓果然已不在了，取而代之的是一棟水泥華廈。

怎麼可能還看得到嘛……，我心想。

問了管理員之後，嚇了一跳。

原來眼前的建築物是兩年前才蓋好的，也就是說，平成十四年（二〇〇二）之前，我生活過的「秀健莊」一直存在著。

跟我一樣與隔壁房客之間有過共用廁所微妙關係的人，直到最近都還住在這條街上。
這麼一想，冷酷單調公寓大樓林立的街景，瞬間多了股親切感。

第一章

從前從前

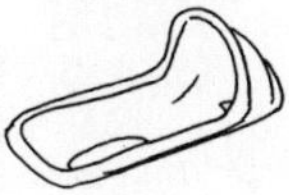

むかしむかし

岡本公園民家園

咕咕咕——，悅耳的雞啼聲響起。

茅草屋與雞啼聲十分搭調，後方還有一整片闊葉林。

踏進民家，土間注一有個大爐灶，圍爐上裊裊炊煙。屋內長年累積下來的煙燻味，混和圍爐裡的炊煙，給人一種熟悉感，儘管我從未下榻於此。這時又傳來咕咕的雞啼聲……

彷彿跨越時空般，回到一個世紀前的農村。我以為都市裡這幅恬適的光景已不復見，當然山區另當別論；從二子玉川站步行二十分鐘，即可抵達這座四周被高級住宅所圍繞的岡本公園民家園。

這個地方重現了江戶時代後期典型的農家民宅，與鄰近的次大夫堀公園民家園同樣是「活古代民宅」，毫無造假。

圍爐每天生火，爐灶則是每個月兩次。庭院裡，只見年長男性正在把用電鋸鋸好的木塊堆在柴房裡，雞籠裡的雞群活蹦亂跳。

某些山村裡也看得到類似的公開民宅，只是多數觀光氣息濃厚，僅秀出一些展示品就向遊客收費。岡本公園民家園開放免費參觀，內部的圍爐、爐灶仍持續使用，經過多年煙燻的茅草屋頂證實其穩固與防蟲效果，也凸顯出它的存在價值，確實是一間「活古代民宅」。

我想外國人一定非常喜歡這裡。當我環顧屋內時，外頭傳來內澤旬子的聲音。

注一　日本民家的玄關，地面與戶外同樣是乾土面。主要用途為炊事場以及工作空間。

第一章
從前從前

「齊藤先生，找到那間廁所了！」

幾年前，內澤曾傳來一張傳真：「我在二子玉川蒐集女性雜誌的報導資料時，發現一間不得了的廁所，是我目前見過最美麗的廁所。」至於她本人完全不記得這間廁所，也不記得曾傳真給我的事。我把那張傳真貼在我房間的牆壁上，這次為了採訪工作才突然想起。

廁所設在遠離主屋的地方。一般來說，掏糞式的農村廁所不會在主屋裡，除了臭氣薰人之外，屎尿必須拿來當作肥料使用。

只見門上貼了一張「本廁所只供參觀，禁止使用」的告示。打開廁所門，一座畫著藍色中國娃娃圖案的馬桶映入眼簾。

宛如美麗的陶藝品般，邊緣與擋牆有著充滿藝術性的設計，圖案的顏色則有如鋼筆的藍墨水，十分高雅。江戶時代後期非常流行這種中國娃娃的圖案，常見於餐具上，原來這股風潮也擴及到馬桶。現代的馬桶上什麼都沒畫，我覺得像這樣復古一下也很不錯。

這裡的廁所並非沖水式，而是掏糞式。我以為馬桶內部的孔徑部分會更大，排泄物就堆積在正下方……，其實不然。牆壁上有根拉桿垂吊而下。

我們完全忘了那張「禁止使用」的告示，很自然地拉了拉桿。

「嘩！有水！」

馬桶的開口很暗，沖水聲在室內迴盪著，蓮蓬頭般的水流流過馬桶內部的前方和左右兩側，最後流向馬桶後方的通道。

「這馬桶真屌！」

明明是掏糞式馬桶卻能沖水，就好比外表是輛古董車，裡頭換裝了新引擎的複製車一樣。走到室外才發現牆上裝了一個水箱，還用木板裝飾，讓景色不至於太突兀。

真是一個神奇的廁所。

改成乾淨的沖水式馬桶，然後將水箱等相關配置移到室外，讓室內顯得簡單清爽，醞釀出古早風情。馬桶開口部分的深度約有三十公分以上，就像從前的掏糞式馬桶，實際使用的話，排泄物應該能一鼓作氣地掉進深洞裡，不弄髒美麗的馬桶吧。

佩服讚歎之餘，腦海裡冒出一個疑問。

岡本公園民家園成立於昭和五十五年（一九八〇），這裡的建築物是拆解搬遷其他地區古老的民家復原再現。那麼在解體之前，農民實際使用的是沖水式馬桶嗎？

東京的沖水式馬桶普及於東京奧運注二前後。屋主是將長年使用的中國娃娃馬桶保留下來，未更換馬桶成品，只改成沖水式？

我向公園管理處詢問此事，得到的回答是：「請詢問次大夫堀公園管理大樓的相關人員。」於是，我們前往步行約二十分鐘的次大夫堀公園民家園。次大夫堀公園的規模較大，移築的建築物也更加雄偉，不過靠近馬路，聽得見車聲，周圍也沒有樹林。我覺得被山丘林蔭圍繞，聽得見雞啼聲的岡本公園民家園在環境上還是比較占優勢。

這裡也有中國娃娃的馬桶，但水箱與管線都設在室內，而且感覺像是在切掉擋牆的蹲式馬桶成品上加上中國娃娃馬桶而已。如果我們先看這邊的馬桶，或許會讚歎一番，因為去過岡本公園民家園，所以覺得沒什麼大不了的。關於廁所，岡本公園民家園略勝一籌。

注二　1964年，奧運首次在亞洲國家舉辦。

第一章 從前從前

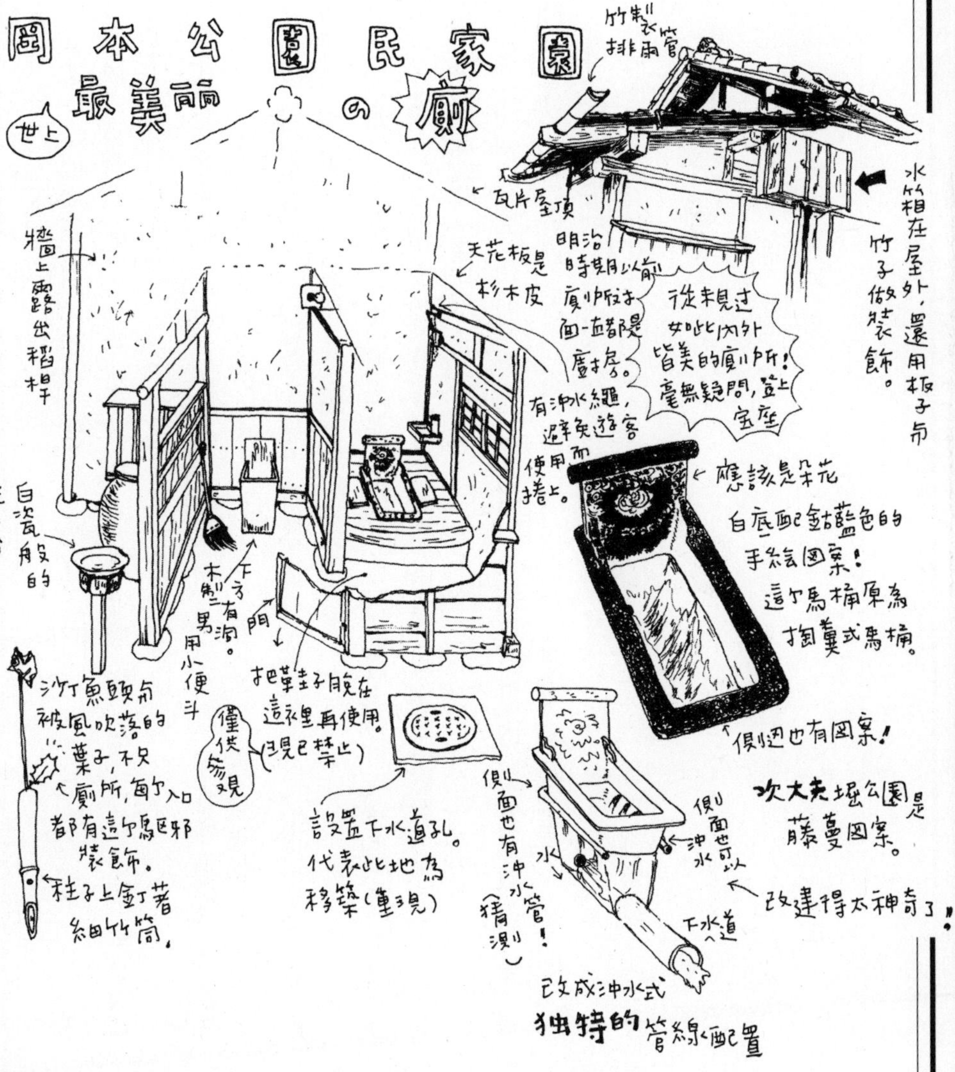

岡本公園民家園
世上最美的の廁
竹製排雨管
瓦片屋頂
水箱在屋外，還用板子和竹子做裝飾。
牆上露出稻桿
天花板是杉木皮
明治時期以前
從未見過如此內外皆美的廁所！毫無疑問，登上寶座
有沖水繩，避免遊客使用而捲上。
應該是朵花
白底配鈷藍色的手繪圖案！
這個馬桶原為掏糞式馬桶。
側邊也有圖案！
次大夫堀公園是藤蔓圖案。
洗手台
白瓷般的
木製男用小便斗
下方有洞。
門
把鞋子脫在這裡再使用。（現已禁止）
僅供參觀
沙丁魚頭和被風吹落的葉子，不只廁所，每個入口都有這個驅邪裝飾。
柱子上釘著細竹筒。
設置下水道孔。代表此地為移築（重現）
側面也有沖水管！（猜測）
水
側面也可以沖水
下水道へ
改建得太神奇了！
改成沖水式
獨特的管線配置

我們逛了一圈之後，便去找管理大樓的石井榮一先生。

「興建博物館時，廁所才改成沖水式馬桶。而且，那個馬桶之前就沒在使用了，一直保存在倉庫裡。但它不只是個展示品，經過一些加工，其實還能使用。」

真不愧是「活古代民宅」！馬桶跟圍爐、爐灶一樣，都能使用。原來是有點排斥從前的掏糞式馬桶，才請業者改成獨特的沖水馬桶。

「次大夫堀公園比岡本公園晚八年成立，當時剛好有無擋牆的殘障人士專用馬桶，將中國娃娃馬桶放在上面又恰巧符合，於是成了目前看到的樣子。」

我以為是把沖水蹲式馬桶的擋牆切掉，再裝上從前的馬桶。沒想到只是因為大小剛好符合罷了。如果八年前就出現那個殘障者專用馬桶的話，說不定岡本公園民家園的馬桶也跟次大夫堀公園民家園的一樣。

據說這間廁所過去曾經開放給一般遊客使用，不過由於牆壁內的水管容易漏水，加上雨天時，遊客沾了泥巴的鞋子會弄髒木質地板，所以現在禁止使用，僅供參觀。

儘管如此，我還是很想為岡本公園民家園的馬桶改造設計師與業者鼓掌。因為它是我在東京看過最棒的馬桶。

舊岩崎邸洋館

日本第一個沖水坐式馬桶，也就是西式馬桶，出現在上野不忍池附近的舊岩崎邸。舊岩崎邸是岩崎久彌——三菱財團創辦人岩崎彌太郎的長子的住所。完成於明治二十九年（一八九六），當時總面積是一萬五千坪，共有二十棟以上的建築物。目前僅存三棟，包括洋館、撞球室與一部分的和館（連庭園包括在內，仍占地三千坪）。在二次戰後成為國家財產，提供最高法院司法研修之用。平成六年（一九九四）歸文化局管轄，直至平成十三年（二〇〇一）歸東京都管理，才對外開放。

日本第一座西式馬桶位在招待外國人或其他賓客的洋館二樓。洋館的建築設計師是喬賽亞・康德注三（Josiah Conder），鹿鳴館、東京復活大聖堂也是他的傑作。根據館內手冊記載，「以十七世紀英國的詹姆斯一世風格為基調，採用文藝復興與伊斯蘭風格的花紋。至於洋館南側的露臺，一樓的柱子是托斯卡那樣式，二樓則是愛奧尼亞裝飾風格。另外還加入美國賓州鄉村度假屋的元素。」

我對建築不太熟悉，無法光從這些說明文字想像建築物的模樣。實地走訪，當洋館矗立於眼前時，我完全被它的魄力所震懾住。整體建築巧妙地融合各種特色，呈現豐富的樣貌。

購買四百圓的門票之後，管理處的星野隆一先生帶我們前往二樓的廁所，並特地在一旁解說。

注三　英國建築家（1852-1920），畢業於倫敦大學。明治10年（1877）前往日本擔任工部大學（東京帝大前身）造家學科（建築學系前身）教授，並陸續於1883年、1896年完成鹿鳴館、岩崎邸的設計。

首先映入眼簾的是門旁的洗手台。洗手台的中間有一個白瓷圓盤，底部不見排水口。

星野先生將圓盤的前端部分往下壓，圓盤便以兩側為支撐點輕輕轉動。

「這麼轉就能把水倒掉。」

「好酷哦！」

這真是前所未見。我看得目瞪口呆，還以為來到忍者的機關屋。一般的洗手臺，水會自然流走，如果想積水的話，就得栓塞子。可是這個洗手台不一樣，打開水龍頭之後，水不會流走。不愧是明治時期的西方建築！讚歎之餘，想起設計師康德是英國人。

我曾看過英國貴族或上流人士叫喚僕人把熱水裝在缽盆裡，讓他們方便洗手、洗臉的電影畫面。他們不是用水龍頭打開的流動水來洗手，而是用積水清洗比較正式。

洗手台對向的小便斗也是英國製，前面凸出的部分很有西方的味道。不過這個小便斗的位置偏低，大概是配合當時日本人的身高吧。

小便斗前有個玻璃門，門後就是日本第一座西式馬桶。

打開門，不禁讓人「咦？」了一聲。原因出在地板的高度上。它比小便斗、洗手台的地面高了十五公分，門把的位置卻比一般來得低。

星野先生說，「不太清楚地板架高的理由，不過門把的位置是為了配合窗櫺而設計。」

康德十分注重整體的設計感，為了與窗櫺、門框的設計統一，他特地降低門把的位置。

門後就是日本第一個西式馬桶，我看了忍不住喃喃自語地說：「真有你的！」

馬桶坐蓋以木頭材質製作。

第一章 從前從前

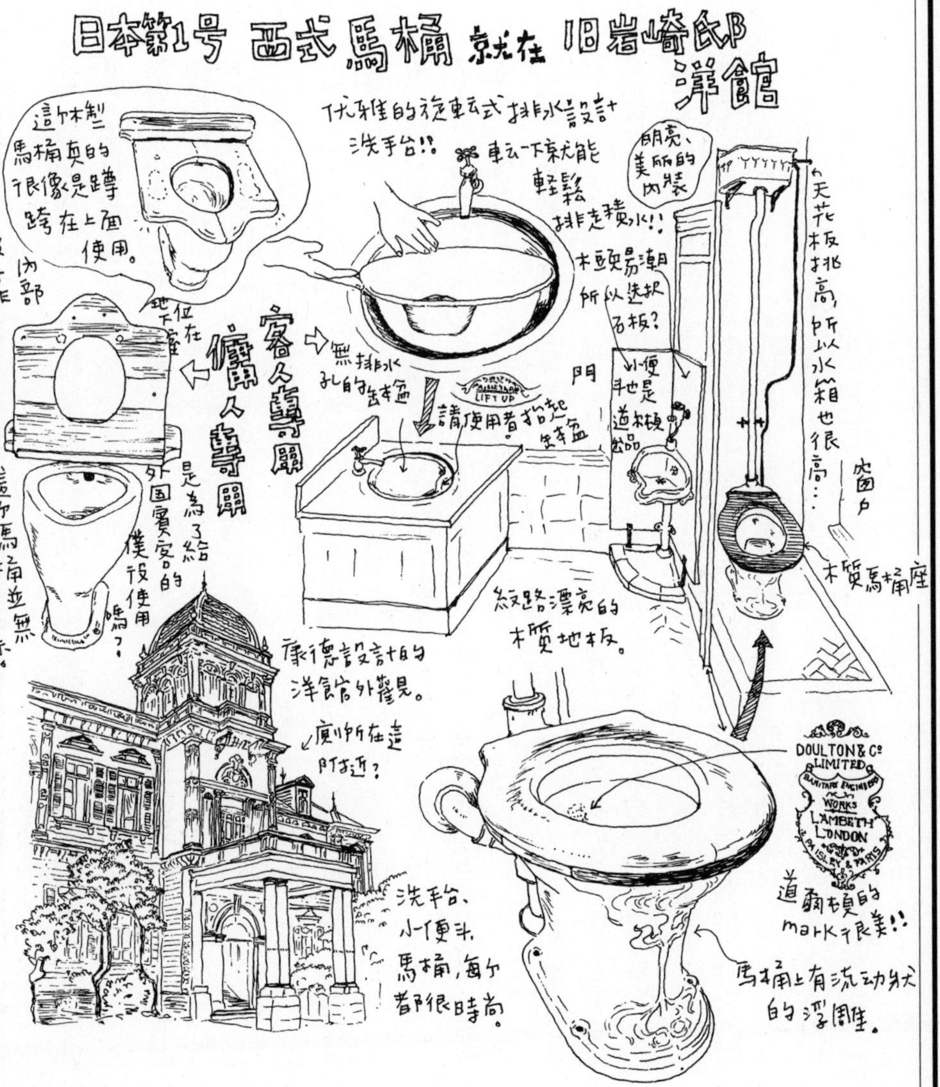

日本第1号 西式馬桶 就在 旧岩崎氏邸 洋館
這個木製馬桶真的很像是蹲跨在上面使用。
設計非常樸實 內部
地下位在 室
傭人專用
客人專用
這個馬桶並無道爾頓的商标。
是為了給外国賓客的僕役使用嗎？
优雅的旋轉式排水設計洗手台!?
轉一下就能輕鬆排走積水!!
無排水孔的臉盆
LIFT UP
請使用者抬起臉盆
明亮、美麗的内裝
木頭易潮 所以选择石板？
門
小便斗也是道爾頓出品
天花板挑高，所以水箱也很高…
窗戶
木質馬桶座
紋路漂亮的木質地板。
康德設計的洋館外觀。
廁所在這附近？
洗手台、小便斗、馬桶，每个都很時尚。
DOULTON & Co LIMITED SANITARY ENGINEERS WORKS LAMBETH LONDON PAISLEY & PARIS
道爾頓的mark很美!!
馬桶上有流動狀的浮雕。

有別於塑膠或陶瓷，木質與肌膚接觸時較不會產生冰涼的不適感。破天荒頭一次使用這種西式馬桶的日本貴賓，也很容易認同吧。

馬桶座除了表層的那片木板之外，裡層還有一片加強板。雖然無法親自試坐，不過看起來還能用使用。它在容易孳生細菌的高濕度環境下，能夠保存一個世紀以上，實在很了不起。雖然無法斷言木頭的種類，不過我猜或許是威士忌酒桶的橡木。

另一個讓我感到佩服的是馬桶的設計。

白色外觀呈現柔和的曲線，充滿異國風情。馬桶內的DOULTON藍色字體給人格調高雅的感覺。

對陶瓷稍有研究的人，肯定會發出「嘩！」地驚歎聲。

這是在一流百貨的高級餐具賣場，一定會出現的商標——ROYAL DOULTON，一個擁有將近二百年悠久歷史的英國皇室專用高級餐具品牌。

約翰・道爾頓（John Doulton）於一八一五年創立道爾頓公司，當時只生產家庭用的陶瓷餐具。搭上工業革命列車之便，實用性陶瓷為品牌帶來龐大的獲利，其後發展成為大企業。這個馬桶應該是當時所生產的商品。後來，道爾頓在裝飾性陶瓷器的領域打響名號，並於一九〇一年獲頒為英國皇室御用品牌，才在品牌名之前加上ROYAL字樣。

目前皇家道爾頓的商品以高級餐具為主，不再生產馬桶。據說皇家道爾頓的主管造訪舊岩崎邸時，曾感動地說，「居然能在遙遠的異鄉看到公司過去生產的馬桶！」

除了這個高級馬桶之外，設計上也考慮到管線的配置、門把等細節，真不愧是日本的代表財團。內澤和我看得目瞪口呆。

光是廁所就讓我們感動莫名，不知道是否因為我們的舉止罕見，星野先生說，「這棟建築物還有另一間廁所，一般並不對外公開。」然後引領我們前往地下室。

舉辦派對時，賓客帶來的傭人可以在地下室休息，那邊也有一間廁所。

走下又窄又陡的地下室樓梯，看到兩個小便斗與廁所。

小便斗的設計一般，大便用的馬桶倒是很特別。

一個是蹲式馬桶，另一個是坐式馬桶。這個坐式馬桶便是所謂的日本第一座西式馬桶，卻是不曾見過的設計。

馬桶座的面積頗大，與大腿接觸的部分（馬桶坐蓋的兩側）是一般馬桶的兩倍寬，而且馬桶坐蓋並不直接放在馬桶上，而是掛在牆壁上；放下來剛好落在馬桶上，往上翻就能與牆面貼合。

更教人費疑猜的是馬桶的排水位置。一般坐式馬桶的排水洞設在肛門下方的位置，可是這個馬桶的排水洞卻設在對向，跟蹲式馬桶的設計一樣。假如坐在這個馬桶上排便，排泄物會堆在馬桶裡，必須靠一股強勁的水流沖走才行。

這種設計真是效率不彰，觀察之後我不禁這麼想。此時突然靈光一閃：

「該不會有人踩在馬桶座上使用！」

這馬桶座的寬幅足以讓人蹲跨於上，前方的排水洞位置也跟和式馬桶一樣，所以是背對廁所門使用。

「是這樣嗎……」

內澤苦笑地說。畢竟當時西式馬桶才剛引入日本，或許有人不習慣坐著排便。

不管真相如何，除了賓客使用的日本第一座西式馬桶，岩崎邸還有提供傭人使用的西式馬桶，實在了不起。

最近有某ＩＴ企業社長、某基金代表被捕的新聞報導，讓我不禁思忖真正的有錢人應該這麼花錢才對。

TOTO廁所博物館

要聊日本的廁所，就不能不聊聊TOTO。

它是一個歷史悠久的陶瓷器廠商。九〇年代之前，日本尚未整頓下水道時，TOTO便著手製造沖水馬桶。雖然松下電工（現為Panasonic）後來以製造有機玻璃材質的馬桶竄出，但TOTO仍在日本的馬桶市場占有非常重要的地位。據說八〇年代的美國AOR（Adult-Oriented Rock，成人搖滾）人氣搖滾樂團「托托」，就是因為每次去廁所都會看到這個名字才取名為ToTo……。這故事聽起來煞有其事，也證明了TOTO這個名字深植人心。

TOTO似乎成了馬桶的代名詞。新宿的TOTO展示中心——Super Space舉辦過一個特別展覽。

——名為「廁所博物館」。

雖然展期不長，不過展出內容相當豐富，不愧是世界聞名的TOTO。

走進入口，首先看到相撲選手專用的坐式馬桶。

百聞不如一見，的確頗大，加上旁邊擺了一個普通尺寸的坐式馬桶，差異一目了然。說明牌上寫著「昭和六〇年（一九八五）興建兩國國技館時，受託開發相撲選手的專用馬桶，請相撲選手實際試坐後，才決定尺寸、進行製作。」

為了能承受相撲選手的體重，馬桶坐蓋設計了六個支撐點，整體也比一般馬桶多五公分

寬、七公分長、二公分高。馬桶的排水管道也相對更粗，好讓排泄物不易阻塞（因為相撲選手的排泄物比一般人來得大嘍）。

雖然沒辦法試坐看看，卻勾起我屁股卡在馬桶裡的童年回憶。這是特製商品，一般顧客若有需求也可以訂購。我猜除了國技館之外，在相撲選手或重量級摔角選手的家裡或許也能看到它的蹤影。

繼續往前走，看到從前的迷你馬桶椅。由於是展示模型，大家可能提不起興趣，其實當中趣味橫生。

平安時期的貴族使用侍女拿來的移動式便盆、水戶黃門注四使用的小便盆（底層鋪了具有消音、消臭作用的杉葉）、明治時期外國人家裡的砂式便盆等等，如果能展示出實際物品的話，一定會更有趣。

接著這些模型之後登場的是馬桶界的革命性商品——溫水免治馬桶，現場展出歷代的樣品。

很多人以為溫水免治馬桶是日本人發明的，其實它最早是美國的醫療用馬桶。由於發射的水溫與方向並不穩定，所以不太好用。

後來，免治馬桶克服了這些缺陷，利用伸縮式噴嘴提高噴水的命中率，並採用高科技設備維持最佳水溫。

ＮＨＫ的節目《Project X》曾經介紹ＴＯＴＯ如何以大膽的廣告成功行銷溫水免治馬桶的故事。——請歌手戶川純拍攝知名的「屁股也想洗乾淨」廣告。

注四　德川家康的孫子，水戶藩第二代藩主，正氣凜然媲美中國的「包青天」。

第一章 從前從前

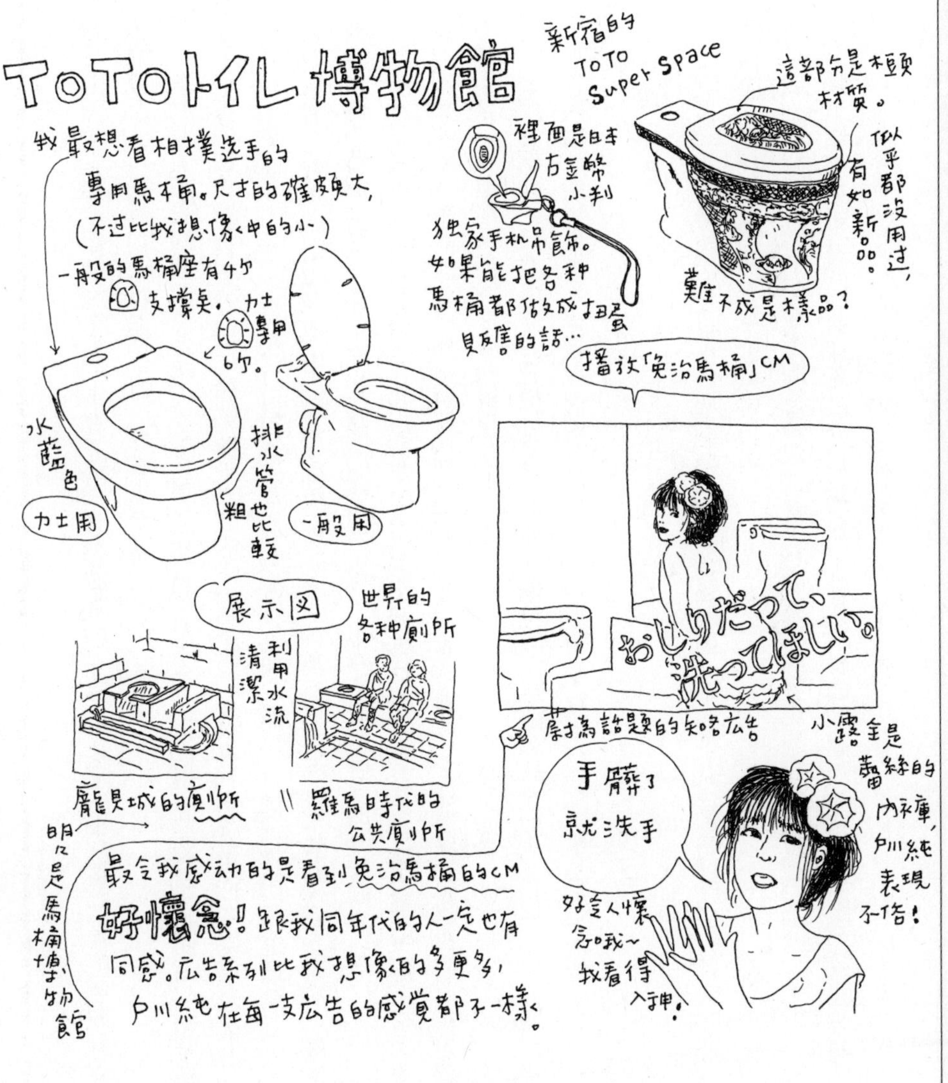

TOTOトイレ博物館
新宿的 TOTO Super Space
我最想看相撲選手的專用馬桶。尺寸的確頗大，（不過比我想像中的小）
一般的馬桶座有4個支撐點。
力士專用6個。
水藍色
排水管也比較粗
力士用
一般用
裡面是日本古金幣小判
獨家手機吊飾。如果能把各種馬桶都做成扭蛋販售的話…
這部分是木頭材質。
似乎都沒用過，有如新品。
難不成是樣品？
播放「免治馬桶」CM
おしりだって、洗ってほしい。
展示区
世界的各種廁所
清潔
利用水流
龐貝城的廁所
＝羅馬時代的公共廁所
蔚為話題的知名廣告
小露金是蕾絲的內衣褲，戶川純表現不俗！
手髒了就洗手
好令人懷念哦～我看得入神。
明明是馬桶博物館
最令我感動的是看到免治馬桶的CM
好懷念！跟我同年代的人一定也有同感。廣告系列比我想像的多更多，戶川純在每一支廣告的感覺都不一樣。

由天才文案家仲畑貴志先生撰寫廣告文案。廣告中，戶川純用衛生紙擦拭被藍色顏料弄髒的雙手，台詞是「衛生紙擦不掉，屁股也一樣」。

這個令人頗有同感的廣告讓人一解過去的禁忌，溫水免治馬桶瞬間成為暢銷商品，同時建立了之後的獨特廣告策略。展場除了展示以往的平面廣告，同時也有廣告畫面，讓人看得入神。繼昭和五十七年（一九八二）九月的「屁股也想洗乾淨」廣告，又陸續推出「想洗屁股」、「請體會屁股的心情」、「清潔溜溜的屁股」、「屁股洗三次」，以及戶川純與鈴木清順搭配演出的「嚴格教導生活不骯髒」系列。加了除臭功能的產品廣告文案則是「心愛的人的香屁股」。

溫水免治馬桶不僅解救了許多痔瘡患者，也洗刷馬桶的舊有形象。過去廁所總是給人不潔、不願多看一眼的印象，如今已經提升到與浴室同等的地位。馬桶博物館讓我們重新體認TOTO以及免治馬桶所扮演的重要角色。

離開展場前，只要填寫問卷便可獲得馬桶手機吊飾作為紀念品。打開吊飾的馬桶蓋，會發現裡頭有個日本古代金幣。TOTO的創意真是令人佩服。

❖

其後，廁所博物館在日本各地的展示中心巡迴展出。平成十八年（二〇〇六）秋天，北九州的TOTO總公司成立了歷史博物館。

我到九州旅行時，曾順道前往參觀，發現它的展出內容更加地充實豐富。

除了原來在新宿展出的產品之外，還增加了許多珍貴的相關物品，包括過去在首相官邸、國會、敗戰後位於第一生命大樓的總司令部所使用的馬桶，以及葡萄牙的高級衛生紙、提供給戰後駐軍使用的衛生紙等等。其中最吸引我的是和風坐式馬桶。

這個馬桶的命名很有趣，它把蹲式馬桶設計成可以坐的高度，在無擋牆的尾端邊緣裝上馬桶座。據說是昭和初期為了下半身行動不便的高齡者所開發的產品，坐的方向與西式馬桶不同，必須面向擋牆而坐，這點的確很和風。總之它融合了和式與西式馬桶的特色。

另外，沖水馬桶展示之前的美麗馬桶也引起我的注意。

小便斗或大便器上的鈷藍色圖案，精緻的好似手繪一般。

欣賞這些設計的同時，長久以來的疑問似乎隨之煙消雲散。

我曾經對「水洗馬桶」一詞感到困惑。

沖水馬桶是利用水流將排泄物沖到下水道，在日本卻稱作「水洗馬桶」。

以下是我個人的推測——第一次看到沖水馬桶的日本人認為，「這種馬桶利用水流清潔，使排泄物不致弄髒馬桶的漂亮圖案，所以叫『水洗馬桶』」，從此便這麼稱呼吧。

或許是日本的馬桶多數繪有美麗圖案，才把沖水馬桶稱作水洗馬桶。當然也有許多不同的意見。逛了一圈介紹日本馬桶的ＴＯＴＯ歷史資料館之後，腦海裡也掠過各種想法。

可惜每逢六日、國定假日、歲末年初、暑假就休館。若大家有機會造訪北九州的話，不妨把腳步移往ＴＯＴＯ歷史資料館。

親眼目睹珍貴的展示品，或許就能理解我對沖水馬桶的假設了……

國立霞丘競技場

聽說陸上競技、足球比賽的聖地——國立競技場的地下室有個不可思議的馬桶。

那個奇特的馬桶位在比賽場地的下方，舉辦田徑賽時，可供場上選手使用。一般田徑賽是同時進行跑道項目與跳高、擲鐵餅的場上項目，當萬米的跑道項目開跑之後，便禁止場上選手跨越跑道。因此，才有為了場上選手所設置的地下室廁所。

這裡的廁所只有小便斗。除了男性專用的之外，還有專為女性設計的立式小便斗。

女性專用的立式小便斗的外觀會是什麼模樣呢？

我和插畫家內澤小姐前往國立霞丘競技場一探究竟——

❖

「這裡有點暗，請小心走。」

國立競技場事業課的末木克昌先生帶領我們走在只供工作人員使用的地下走道，並提醒我們注意腳步。

場上廁所的出入口就位於百米項目的起跑處附近，織田紀念杆（為了表揚織田幹雄代表日本在阿姆斯特丹奧運奪得首面金牌，所設立的一根當時紀錄十五・二一公尺高的紀念杆）旁，約莫在三十年前停用，出入口也用蓋子封閉。所以，我們得穿越長二十五公尺微暗的地下走道才能抵達。

像是探險般通過潮溼、低矮天花板的走道之後，盡頭處有個小樓梯，陽光從樓梯上方的天花板縫隙灑下。打開天花板的蓋子，應該會看到織田紀念杆。如果日本足球隊從這裡上場的話，想必會引起全場的注目與歡呼。

接著廁所出現在我面前。

樓梯對面是常見的男用小便斗，隔壁的門上則寫著「女子」二字。

「原來這就是女用立式小便斗啊！」

乍看之下，跟一般小便斗沒兩樣，給男性使用應該不成問題。只是它的尿液承接口的部分比較窄，並往前延伸凸出。此外，女用小便斗的壁面面積比男用的小，整體的線條設計較為圓滑，令人聯想到女性的軀體。

為什麼會有這種馬桶呢？

這得從國立競技場的歷史開始說起。國立競技場的前身是大正時期建於青山練兵場遺址的明治神宮外苑競技場，日本在歷經太平洋戰爭之後，為了「藉由奧林匹亞向世人宣示和平」，於昭和三十三年（一九五八）舉辦第三屆亞洲競技賽，試圖引起國際矚目。國立競技場就是當年的主要會場。

昭和三十七年（一九六二），國立競技場為了兩年後的奧運做準備，增設了計分看台區、改裝照明設備，以及興建地下走道與廁所。

據說當時美國發明了一種名為「Sanistand」的女用立式小便斗，使用上較坐式馬桶快幾

秒，多被引進工廠或女校。為打造一個世界最先進的競技場，工作人員在得知這個消息後，便決定廁所也要國際化，於是採用女用立式小便斗。

「是這樣用吧。」

內澤拍完照片之後，學男生小便的樣子站在女用立式小便斗前。

「不對吧，應該是反方向，屁股朝向小便斗才對。」

「嗄？齊藤先生，你不了解女性的身體構造。女性小便時，尿液會往前噴，反方向就不符合這個小便斗的設計了。」

「所以說，並不是直挺挺地背對小便斗站著，而是半蹲，然後把屁股往後推。畢竟小便時一定會褪下褲子，如果用妳的方法，褲子會碰到小便斗的底部；下半身得光溜溜地才能跨在小便斗兩側，就違反原本縮短時間的目的。」

末木先生也贊同我的看法說「我也這麼覺得」。不過，內澤還是無法欣然同意。

「把屁股往後推的半蹲姿勢不叫站著小便呀……，而且，衛生紙捲的位置未免太奇怪了。若面朝小便斗站著使用，這個位置才合理，背對小便斗也不好拿衛生紙。」

內澤說的也有道理。我說的那種小便姿勢，應該叫作「半蹲小便」，而且衛生紙捲的位置真的很怪。大概是施工業者沒有站在女生的立場考慮吧。

以女生的觀點看這個馬桶的設計實在不太好用。不過，這個廁所漸漸不被使用的主要原因，應該是女性不喜歡男女廁所在同一個空間裡。還有雖然說追求國際化，但連身高一六八公分的我都嫌天花板低了，更何況是人高馬大的外國選手。

第一章 從前從前

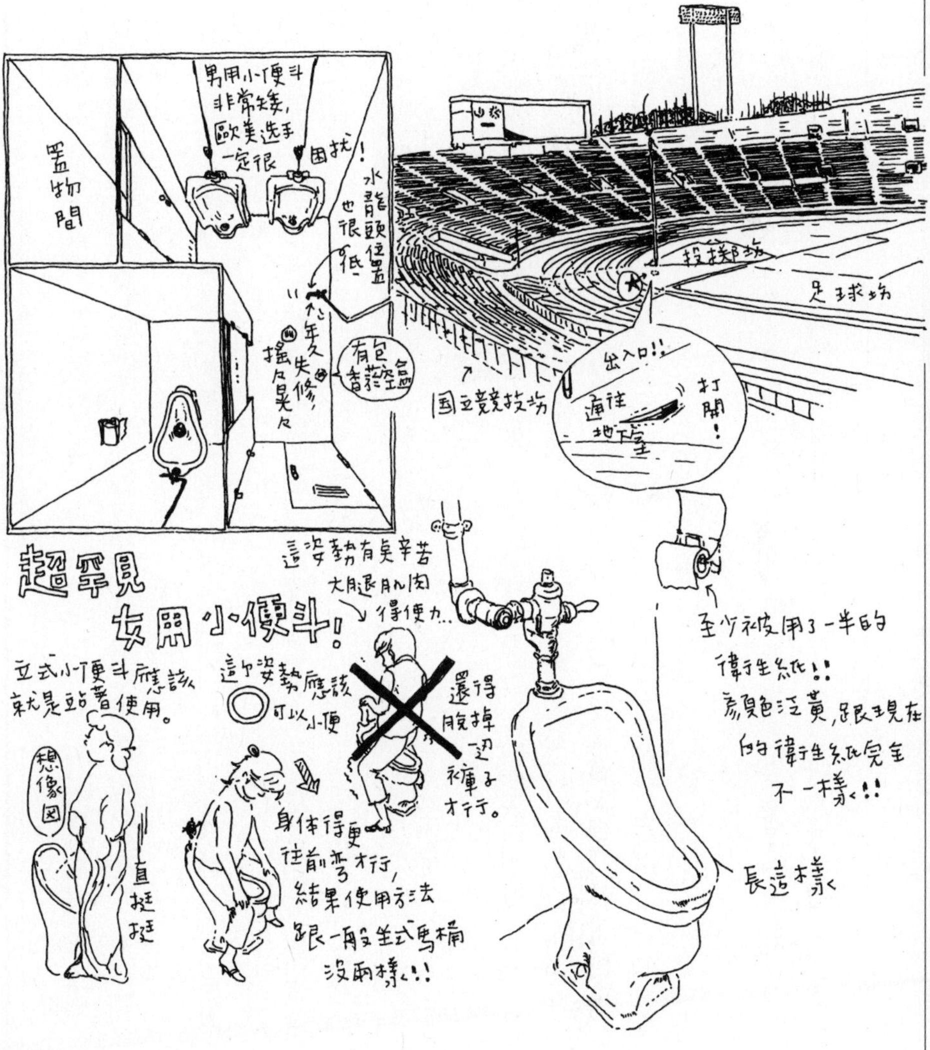

男用小便斗非常矮，歐美選手一定很困擾！
置物間
水龍頭位置也很低
太年久失修，搖搖晃晃
有包香菸空盒
国立競技场
投擲场
足球场
出入口!!
通往地下室
打開！
超罕見 女用小便斗！
這姿勢有夠辛苦 大腿肌肉得使力…
立式小便斗應該就是站著使用。
想像図
直挺挺
這個姿勢應該可以小便
身体得更往前彎才行，結果使用方法跟一般坐式馬桶沒兩樣!!
還得脫掉一邊褲子才行。
至少被使用了一半的衛生紙!! 顏色泛黃，跟現在的衛生紙完全不一樣!!
長這樣

即便如此，它也貢獻過一「廁」之力。衛生紙捲只剩下三分之一左右的用量。

現在水管不通、水箱裡也沒有水。然而當我們用杯子舀起走道的積水往小便斗裡倒時，水的確流走了。

身為男性的我試用並無意義，於是內澤說，「我來試跨看看，請你們在外面等一下。」她跟我借了杯子，關上廁所門。

過一會兒她走出來，一臉被說服的樣子說，「的確應該背對小便斗使用。」雖然無法斷言她是否真的親自實驗，但根據我們曾經一起走訪各大亞洲廁所的經驗來看，我很清楚她不是一個只靠試跨看看就能被說服的女生。

❖

走出地下走道後，來到競技場上。我真想知道當時從場內通往廁所入口的使用狀況，可惜並沒有留下任何資料或照片。

此時正好碰上雅典奧運，也適逢東京奧運舉辦的四十周年，於是我來到ＤＶＤ店找找看是否有相關影片。

結果真的有。為了紀念奧運四十周年所推出的市川崑導演傑作長篇紀錄片——《東京奧運》一套二片ＤＶＤ。

我馬上買回家看，在男子百米、萬米田徑賽的畫面中，看到應該是通往廁所的入口。那個位置有些凹陷。百米賽跑時，有幾個工作人員坐在一旁看比賽，至於其他比賽項目開始時，則架了一個約三個榻榻米大的帳篷。雖然沒看到廁所的畫面，不過可以確認位置就在織田紀念杆旁邊。

看了影片之後，加上日本選手在雅典奧運上大放光采，讓我忍不住想大喊一聲「日本，萬歲！」

第二章

今日廁所的多樣貌

現役ですッ

深澤 House

中越地震注一發生一週後，我到新潟縣小千谷市加入救災志工的行列。

小千谷高中的操場成了避難基地，我們把帳篷發給連日來以車為家的受災民眾。

當地震災情傳出後，媒體率先報導食物與物資不足的消息，所以當我抵達現場時，已經收到來自各方援助的大量食物，也紛紛湧入來自全國的救災供餐部隊，連志工都無需煩惱食物問題。反之，提供排泄的廁所卻不如食物般充足。

雖然小千谷高中的操場上設置了一些臨時廁所，可是往往一天就不堪負荷，有幾間廁所還髒的讓人打消使用的念頭。

發生災情時，確保有乾淨的廁所足敷使用與確保食物充足都是當務之急，這是我實際在災區現場學習到的經驗。因此，當我得知有災用下水道孔的廁所時，覺得這真是一個好點子。

沖水馬桶下方的水道隨時都有水流通過。只要將廁所設在有下水道孔的地方，排泄物會被立即沖走，不用擔心臨時廁所的排泄物滿溢，也不需要掏糞。都會的下水道有防震措施，污水處理場也能應付災害發生時的狀況。換句話說，最適合災區的廁所就是設有下水道孔的廁所。

聽說世田谷區有一個頗受好評的隔震構造社區，社區內設有下水道孔式廁所。

當年由於姉齒建築師事件注二，社會才清楚建築物耐震強度被揑造的黑幕。隔震構造比耐震更厲害，好奇心驅使我去瞧瞧最新型的大樓。

注一　2004年10月23日，日本新潟縣中越地方發生地震。

注二　2005年，姉齒秀次偽造結構計算書事件是一宗建築舞弊案件，他基於個人利益，長期偽造結構計算書，導致經手的許多建築實際上並不符合《建築基準法》所規定的耐震強度。

深澤House就在駒沢公園旁，公園襯托出四萬平方公尺的占地之廣，地下停車場顯得盎然綠意，讓人感覺比實際面積更為寬闊。一點也不像在都市裡，猶如來到鄉間郊外一般。

這裡的豪宅房價大多落在七千萬圓左右，最高價的甚至超過三億圓，儘管如此，七百七十二戶仍全數售罄。我住在八岳山麓親手打造的房子，這些天文數字對我來說真是遙不可及。

我最感興趣的是下水道孔式廁所的模樣，於是，負責深澤House設計施工的長谷工公司廣告行銷部門的丸山浩司先生、長谷工社區深澤House統籌經理的山谷隆則先生先帶我參觀那個下水道孔。當然平常並不會看到廁所，這次是因為採訪，特別準備的。

「這讓人想起天安門廣場的廁所。」

我和內澤異口同聲地說。過去，我們為了《東方見便錄》，花了兩年採訪亞洲各大廁所。北京天安門廣場可容納五十萬人以上，走道上每隔四十公尺就有一個長方形的下水道孔。舉辦大規模活動時，可以把下水道孔的蓋子打開，直接當成臨時公廁使用。我們看了之後覺得，在下水道上方解決生理需求也頗為合理。深澤House的災用廁所也是同樣的構造，只不過與中國最大的差異在於，中國的沒有隔間，缺少隱私……

深澤House的西側走道有三處下水道孔式廁所，據說它不僅提供深澤House的住戶使用，災情發生時，附近的居民也能使用。

設置帳篷的地方剛好有強風，帳篷顯得有些搖晃。一般為了固定帳篷，必須在四個角落打樁，並用繩索加以固定。由於不可能在水泥走道上打樁，所以使用上得花點功夫。

拉開入口的拉鍊，下水道孔上有個坐式馬桶。配合下水道孔的大小，馬桶下方鋪設了一

塊鐵板，避免使用者掉進下水道。

小屋型帳篷是日本知名品牌小川帳篷的產品，專業廠商在細部作工上毫不馬虎。整體以綠色為基調，白色的篷頂能讓光線自然灑入、創造明亮感，以及炎夏時，可將篷頂打開的通風設計。

我拉上可鎖式的拉鍊篷門，試坐在馬桶上。馬桶的兩邊設有扶手，坐起來的感覺不差，但不知實際使用時的感覺如何。

畢竟內部僅靠一片帳篷布與外界隔絕，聲音也聽得一清二楚，風吹過時還會搖晃。現在並沒有打開下水道孔，實際使用時，屁股正下方一．五公尺處就是水流不絕的下水道。這和掏糞式馬桶不同，我覺得可能會緊張的無法順利排泄。

這個馬桶至今尚未派上用場，我建議丸山先生不妨在九月一日防災節舉辦防災演習，打開下水道孔讓住戶試用看看。

不過，他含糊地回答說，下水道屬於東京都管轄，應該不能擅自決定。

這個防災社區還具備了井水淨化的飲用水系統、移開坐椅就能當供餐爐灶的公園椅、自家發電設備、防火水槽等各種防災機能。

趁此機會，便請他們帶我們參觀深澤House的內部裝潢，於是我們來到了價值超過一億五千萬圓、大約四十坪樣品屋。走進大廳，馬上感覺到一股鴉雀無聲的靜謐氣氛，安靜的讓人難以想像這個地方住了七百多戶人家，高雅的宛如一流飯店。不過，或許每個樣品屋都給人這種感覺吧。

緊急時
把下水道孔
當廁所！
外觀長這樣↓…
（綠色）
災用トイレ
牌子上寫著
空・使用中
隔震大樓還提供
緊急用廁所
和防災用品
（有扶手，
便於膝蓋
不好的高齡
者）
周到
管子不搖晃固定。
不僅是廁所…
緊急時也可煮飯
把公園椅
的木頭坐
椅拆掉
就是
炉灶！！
（耐火磚）
也可飲用水 把地下水儲著水
長谷工公司開發
過濾
EWELL
可上鎖
防震和隔震構造
•空間正好容納一個大人，
長谷工公司設計．施工
蓋上一層筒狀的
鋁銀色厚墊
（用膠膜包住）
（避免飛濺？）
馬桶座
有固定骨架
•重量足以固定。看不清楚下方
下水道孔
•鐵板中間分成2塊，是防滑設計。若把上面的馬桶座移開也可作為蹲式馬桶使用。
洞裡有4本棒子，是為了避免有人掉進
綠還House外觀
規模超乎想像！！
700多戶
只剩下幾戶而已。
（2005年12月）平均房價是1億円…
超高級！！景觀美得令人嘆為觀止！！

這裡採用具有空氣清淨功能的空調系統，可以把窗戶全部關上，過著與外界隔絕的生活。這種空調系統應該會讓花粉症患者感動涕零，也再次讓我感受到我與他們的世界有多麼不一樣，畢竟住在八岳山麓的我是用全身去體會自然的呼吸。

深澤House以建築物的隔震構造為賣點，丸山先生向我解釋耐震與隔震的差別。耐震是加強梁柱等建築物整體的強度。隔震則是盡可能隔絕地震的能量，讓建築物緩慢位移的結構。

「地震發生時，即使具耐震構造的大樓建築物沒有損壞，也可能發生家具倒塌、餐具破裂等二次災害。隔震結構就能減輕這些災害。二〇〇五年七月千葉西北部發生五級地震時，我們請住戶填了問卷，問卷結果以『感覺只有二級左右』的意見最多。」

丸山先生自信地說。

萬一東京發生大地震，深澤House有可能不為所動。也就是說，雖然設有下水道孔式馬桶，也沒機會使用。說不定就是這個原因，住戶才覺得沒必要實際演習。

「如果這裡發生必須使用那個廁所的狀況，我想東京大概也毀了吧！」

丸山先生聽了便說「應該吧」，同時臉上浮現出自信滿滿的笑容。

雲取山

東京最高的廁所位在何方？

就在東京都的最高峰——雲取山上的公共廁所。雲取山位於山梨縣與埼玉縣的交界處，矗立於奧多摩的最深處。別小看這座東京都的最高峰，它的標高也有兩千零一十七公尺。深山裡沒水、沒電，連車子也進不去。遠離一般居住環境的廁所，究竟是什麼模樣？我很想親眼瞧瞧，於是在積雪前的十二月上旬，出發前往雲取山。

日本知名登山家深田久彌[注三]曾在他的著作《日本百名山》提及此山，總是吸引了許多登山愛好者在登山旺季前前往朝聖，因此每一條登山步道都整頓得便於行走。

對我來說，爬山原本就不是什麼難事，這條登山步道走來更是舒適愜意。這次我沒找怕冷的內澤同行，一個人獨自勘查廁所（不過為了內澤的名譽著想，在此附記：她曾跟我一同在喜馬拉雅山，又上又下走了一個多星期，算是一個千錘百鍊的背包客）。

我從埼玉縣的三峰口入山，持續走了四小時。

抵達雲取山的山頂時，我已滿身大汗。感謝天公作美，讓我得以欣賞眼前這片遼闊美景——奧多摩、秩父山群的山陵線、富士山盡收眼底，甚至能遠眺更遠的東京市區。

注三　日本知名登山家、作家（1903—1971），他以山的品格、歷史、個性及標高1,500公尺以上為評選基準，發表著作《日本百名山》。

山頂下方不遠處有間避難小屋，東京最高的廁所距離這間小屋約莫二十公尺。

廁所的下層是水泥磚，上層是木頭，裡面有一個男用小便斗與蹲式馬桶，屬於掏糞式的舊式馬桶。廁所旁有支電線杆，上頭有太陽能板與螺旋槳風向計。

電線從形狀大小有如游泳浮板的太陽能板與風向計延伸至設在廁所牆面的箱子裡。

莫非是風向計提供風力發電、太陽能板提供電力，組成一個排泄物處理系統？箱子上了鎖，沒辦法觀察內部構造。但是從箱子設在堆積排泄物的下水道孔上方的位置來看，我推測它跟廁所脫離不了關係。這地方水肥車進不來，若沒有一套處理系統，這間廁所就無法成立。

於是我下山詢問奧多摩自然公園管理中心。

「你說那個太陽能板啊，它跟廁所沒關係。」

男子的爽快回答讓我十分洩氣。

「電線杆上的是風力計，太陽能板是為了記錄雲取山的氣象資料。」

原來如此，真是的……

那麼要如何處理廁所裡的排泄物呢？

「廁所旁有片落葉松林，林子裡有個化糞池，有專人定期將排泄物移到那裡。池裡的屎尿會自然淨化。」

雲取山附近的七石小屋管理員定期進行人工掏糞作業，把屎尿移往堆肥場。管理員告訴我屎尿在冬天會凍結凝固，無法作業；五月的連續假期前一直到秋天期間，大約每兩個月處理一次。不過，並非直接搬運裝著屎尿的桶子，而是利用導管讓排泄物流向落葉松林裡的化糞池。

第二章
今日廁所的多樣貌

2017m
東京最高山峰
雲取山の公衆便所
風向計
這一帶是落葉松林
太陽能板
記錄氣象資料
前高後低的斜面
真想親眼目睹
從標高2000m的山
遠眺富士山的美景
(內澤)
廁所
內部下層是水泥
磚,牢固之外,
是否也為了避免
阿摩尼亞腐蝕
這個下水道孔設有導管,跟尿尿流向落葉松林裡的化糞池(但冬天凍結時就沒轍啦!)
雨水集水箱上有水龍頭,可供洗手用。
開放式天井有助於臭味消散。
☆這次根據齋藤先生的描述和照片完成插圖,細節上或許和實際情況有所差異。
如果登山客一多,的確會對土壤和森林造成負擔。

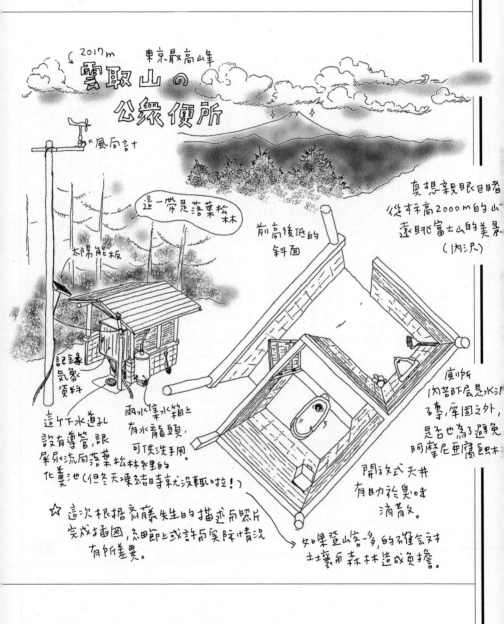

我以為東京最高峰應該會有更進步的處理方法，沒想到居然如此原始，讓我失望不已，同時心裡也有個疙瘩。

這麼將屎尿留在山裡，難道不會有不良影響？

雖然管理員說，「向來都是這麼做，沒什麼大問題。」可是隨著登山人口的增加，北阿爾卑斯山[注四]等地發生山區小木屋的廁所問題，不只在美觀或臭氣上，也對水質、植物等生態造成影響。

我住的八岳山區的小木屋附近，產生枯樹現象，連不該生長在山岳地帶的車前草、蒲公英都滿山遍野。報告指出這些都與山區廁所有關。

因而有「隨手帶走自己的排泄物」作為解決之道的提案。不過老實說，大家對隨手帶走排泄物這個方法還是有些排斥，甚至因此不想登山。

雖然用直升機運走糞便是最理想的方法，但畢竟處理程序與花費都不小。儘管現實上可以在山裡設置淨化槽，也得增加工程費用以及確保電源供應。況且山區的氣候條件嚴苛，冬天只有零下十五度。

正當我想不出一個好對策時，剛好得知一個消息。

環境省[注五]主辦一場說明會，報告立山、上高地、丹澤等設於全國各地的山岳廁所的成果。

為了了解山岳廁所的現況，我動身前往位於新橋的說明會。

❖

同是山岳廁所，卻有好幾種處理方法。

注四　指橫跨富山縣、岐阜縣、長野縣與部分新瀉縣的飛驒山脈。

注五　日本中央省廳之一，負責地球環境保全、防止公害、制定廢棄物對策、保護自然環境與整備環境等等。

積雪十公尺的立山採用的是「堆肥處理方式」（將在最後一章介紹），利用木屑吸收屎尿水分，降低腐壞程度。神奈川縣的鍋割山採用「土壤處理方式」，利用土壤粒子的附著與過濾作用，以及土壤微生物的代謝作用淨化污水。富士山五合目注六則是「生物處理方式」，利用牡蠣殼當作處理槽內的接觸過濾媒介。雖然處理方式各有不同，最後每個山岳廁所的淨化處理表現的皆一如預期。

若從氣候、地形、標高作為考量，雲取山最適合選擇條件相同的神奈川縣鍋割山的土壤處理方式（山岳廁所屎尿處理技術工作團隊的主席，也是神奈川工科大學的教授——森武昭先生與我的看法相同）。然而在執行面上，也得思考如何籌措設置費、電費等各項費用。

東京都環境局自然環境部綠環境課設施組主任（職稱好長啊！）的奧平留貴雄先生也蒞臨說明會，他表示，「今天想來聽聽看，參考一下，不過還不到具體進行的階段，畢竟東京都的山岳廁所尚未造成問題。」

有些新的山岳廁所裡會設置小費箱，但是不太適合沒有給小費習慣的日本人。我個人覺得人氣名山不妨向登山者收取入山費，當作山岳廁所等的管理費用。

有機會的話，我應該來試試最直截了當的方法——隨手帶走自己的排泄物。畢竟我也是一介背包客。

❖

某天，我終於有機會試試。

注六　位在富士山山腰，為主要登山口之一，海拔2,305公尺。

地點是東北名峰的早池峰山。我騎摩托車暢遊東北，在下榻的早池峰山山麓的「Field Note」民宿聽說這間廁所。

中高年人喜歡登山。早池峰山擁有豐富的高山植物，登山客的人數與年俱增，更凸顯出廁所的問題。糞尿溢出並滲透於土壤，不僅影響美觀與臭氣，甚至波及生態環境。

「剛好作為高山植物的肥料，不是嗎？」或許有人這麼以為，但是順應缺乏養分的高地特殊環境而生長的才叫高山植物。一旦土壤條件改變，後果可想而知。

早池峰山採用一個非常大膽的對策。

——由志工將堆積於山頂廁所的屎尿，從山頂抬下山麓。

這個志工制度始於平成四年（一九九二），從夏季開放入山前的五月到閉山之間，每個月進行一次。參加者的口號是「要做就開開心心地做」，據說大家在活動前有個習慣，就是一起烹煮享用咖哩烏龍麵。

我也想參加這個活動，幫忙抬放著屎尿的專用容器。可惜（或者應該說是幸運）當天由於颱風下雨而取消。

既然難得來到這裡，我還是登上早池峰山，在山頂避難小屋試用隨手帶走排泄物的移動式廁所。

避難小屋的專用廁所裡，有一張當馬桶用的椅子，下方袋子裡裝著高分子吸收劑。我戰戰兢兢地坐在椅子上，試圖排尿。

最初需要一點勇氣，不過開始排尿之後就停不下來。我擔心尿液會外漏，顯然擔心是多餘的，那個袋子好像紙尿布一般，迅速吸收液體。

手上拿著溫溫的尿袋，不只尿液有溫度，吸收劑似乎也會發熱。我用雙手搓揉尿袋，好讓吸收劑平均吸收尿液。我頓時突發奇想，緊急時這也能當暖暖包呢。

下山時，把尿袋放入背包裡，為了避免滲出，我特地再包一層，並沒有之前想像中的排斥。下山後把尿袋丟入回收箱，這方法基本上沒有問題。

說不定登山客會漸漸接受這種移動式山區廁所，不，應該說一定要這麼做。

JR澀谷車站大樓

二十多年前，我第一次出國旅行，目的地是澳洲。這對二十出頭的我來說，看的、聽的、吃的、接觸的，一切都是那麼新鮮、那麼令人感動，連廁所都帶給我文化衝擊。

第一個看到的是機場廁所。每一間廁所門的下方都採開放式，有沒有人，看腳就知道，一目了然。另外，大家不是站在每一間廁所的門前排隊，而是排成一列，有人用完廁所出來的話，就依照排隊先後順序進去使用。一切都讓我好生驚訝。

在日本，無論是公用電話或銀行自動提款機，都是分別排成好幾列。不但不公平，也得賭賭個人運氣，排得快就算運氣好，排得慢就覺得倒楣。從另一方面來看，也會感到壓力。譬如廁所門口排了一堆人，想必沒辦法不慌不忙地好好解放。當時，我在澳洲看到排成一列的排隊方式，便巴不得日本也是如此。

反觀現在，無論銀行、售票處或公共廁所皆已採用「叉型排隊法」(流動方式有如叉子的形狀而得名)，習慣在一處排隊依序前進。雖然偶爾在鄉下會碰上不懂這種排隊法的歐吉桑，不過基本上，即使沒標出排隊的位置，日本人也會有禮貌地實踐叉型排隊法。

這種排隊法究竟是在何時普及於日本?

我發現澀谷車站大樓裡，有一間似乎能解開這個疑問的關鍵廁所。

這間公共廁所位於澀谷車站南口的剪票口正面，走下山手線月台的樓梯就會看到。

男廁入口畫著大向右、小向左的箭頭，在右邊排隊往前移動時，注意到洗手台牆上畫著六隻忠犬小八的指示板。

上面用紅筆寫著「請在此排隊」，還附加說明「請跟著腳印排成一列，並依序使用廁所」。六間廁所，六隻忠犬小八。如果廁所有人，應該會亮燈。可是當時是平日下午，廁所裡沒有人，所以指示板沒有任何反應。

我想看看六隻忠犬小八到底會有什麼變化，也想知道女廁裡是否也有那個指示板，所以我和內藤決定於早上的尖峰時段再訪澀谷車站。

我非常討厭擠成沙丁魚般的通勤電車（應該也沒人喜歡吧），而且我一直從事自由業，從來沒上過班，加上現在又住在鄉下，久違的尖峰搭車體驗，依舊十分奇特。

擁擠的電車裡幾乎沒有剩餘空間，一股異樣的沉默氣氛飄散其中。聽說通勤電車會讓上班族產生精神壓力，進而產生便意。這下我終於懂了。

我和內澤約在早上八點多的忠犬小八銅像前，出站後再次進站。我們說好十五分鐘後集合，於是我走進男廁，內澤走進女廁。

不出所料。小便斗那邊空無一人，洗手臺前方有三個打著領帶的男生等著排便。

我接在他們後面排隊，眼睛盯著指示板。結果六隻忠犬小八沒有任何反應，燈也沒亮，看起來應該是壞掉了。

排隊的人似乎不會注意忠犬小八指示板，管它是否故障了，只顧著專心排隊。

看到眼前這幅光景，不禁覺得指示板毫無意義。

　除了一間坐式馬桶廁所，其餘的蹲式馬桶廁所門都是往內開的設計，只要沒有人使用廁所，就會呈現開啟狀態。如果廁所門全是往外開的設計，指示板或許能派上用場。現在只要站在通道上，就能從廁所門的開闔狀態得知可否使用。即使指示板壞了，也完全不受影響，得以依序進入空廁。

　輪到我進廁所時，證實我的假設沒有錯，只要排到了就能使用廁所，與指示板無關。雖然沒有便意，也不好馬上出去，於是我決定脫褲子蹲下來意思意思。

　由於清潔人員尚未前來打掃，所以馬桶很髒，周圍還堆了衛生紙、報紙、雜誌（漫畫週刊）。馬桶擋牆上寫著我從未看過的廠牌名「KIMURA」，牆上畫著無法公開的猥褻塗鴉。

　觀察幾分鐘之後，我走出廁所等內澤。

「真是的，這次不能拍照。」

　內澤嘆氣地說。為了作為插圖的參考資料，她每次都得拍照，但這次只能拍自己進去的那間廁所內部。因為大家對盜拍非常敏感，拍女廁很容易讓人起疑，尤其她走出廁所後還跟我碰面，更提高可疑性。

「廁所並沒有客滿，洗手臺前倒是擠滿了化妝的女生。」

　男人無法理解那個世界。不過想想也對，廁所入口並不是寫著「廁所」，而是「化妝室」，所以也不奇怪。

　至於指示板，女廁的不是忠犬小八，而是紅鶴。燈一直亮著，似乎同樣故障了。

　之後，我們向ＪＲ東日本的公關部門詢問那個指示板的原始亮燈意義，以及它設置於何

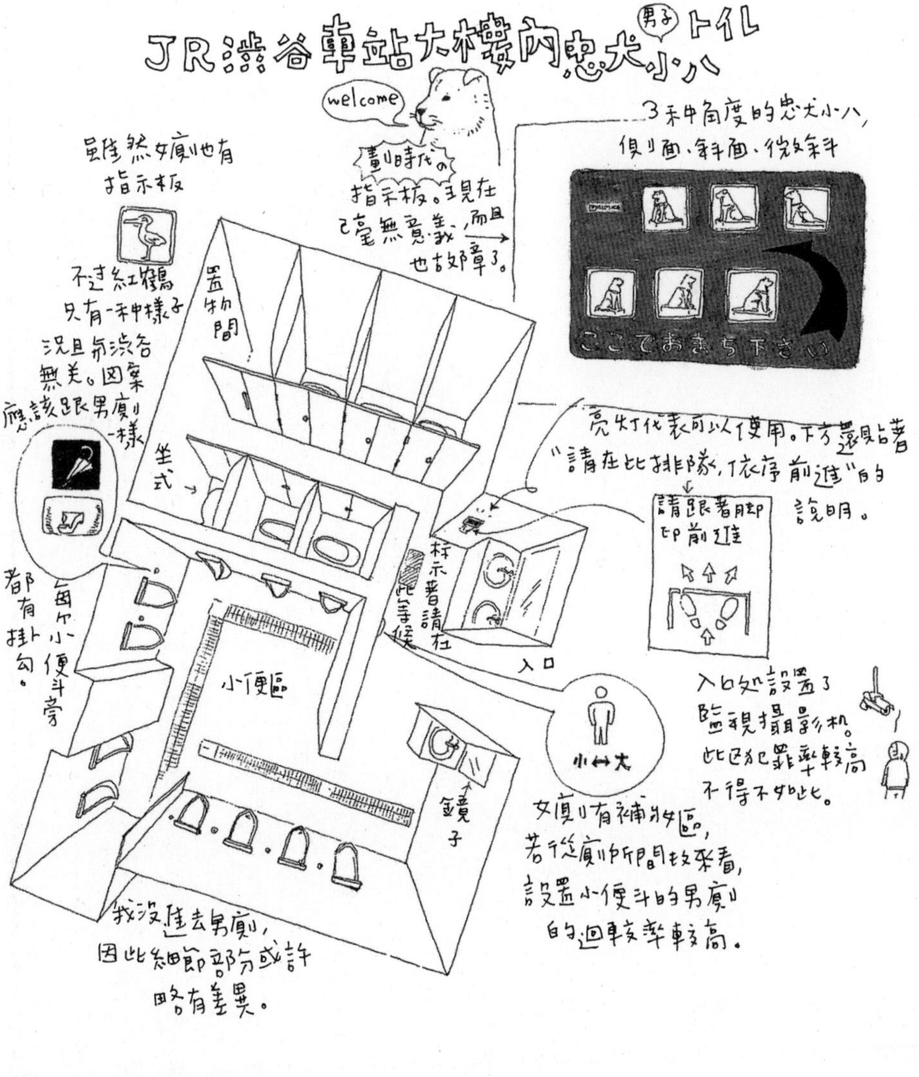
JR澁谷車站大樓內忠犬小八 男子トイレ
welcome
舊時代の指示板。現在已毫無意義，而且也故障了。
3種角度的忠犬小八，側面、斜面、微斜
ここでお待ち下さい
雖然女廁也有指示板
不過紅鶴只有一種樣子
況且和澁谷無關。圖案應該跟男廁一樣
置物間
坐式
標示著請在此等候
亮燈代表可以使用。下方還貼著"請在此排隊，依序前進"的說明。
請跟著腳印前進
入口
每個小便斗都有掛勾。
小便區
小↔大
入口處設置了監視攝影機。此區犯罪率較高不得不如此。
女廁有補妝區，若從廁所間數來看，設置小便斗的男廁的週轉率較高。
鏡子
我沒進去男廁，因此細節部分或許略有差異。

時等等。

「以男廁為例，使用中亮金色，否則亮綠色。它設置於平成三年（一九九一）十二月。因為當初大家習慣在每間廁所門前排隊，無法依照先來後到的順序使用，才設置這個指示板。現在大家已經習慣只排一列，便不再使用指示板。」

我聽了深有同感。

當日本還不習慣叉型排隊法時，指示板身負排隊指導的功能。十多年後，大家早已司空見慣，指示板也隨之卸下任務。

這裡的廁所將進行改裝，屆時會將指示板撤除。

忠犬小八指示板象徵叉型排隊法的普及。車站廁所改變了日本人的常識。

世田谷區立山崎小學

時代不同，對學校廁所的印象也不同。

對於昭和三十六年（一九六一）出生於長野縣的我來說，小學廁所是近代文明的象徵。許多木造校舍紛紛在六〇年代改建為鋼筋水泥建築，廁所也改成沖水馬桶。當時一般家庭的沖水馬桶普及率仍偏低，有不少同學都是上了小學才第一次使用沖水馬桶。

國中、高中時，對學校廁所的印象就是又臭又髒的地方，加上「可怕」、「陰暗」的形象而有4K注七之稱，讓人不想靠近。大學畢業之後，我過著與學校廁所無緣的生活，直到小孩上學之後，才再次接觸學校廁所。

雖然比起當年，現在的學校廁所進步了許多，不過不利排便的形象依舊沒變。我的小孩（小學三年級與國中二年級）幾乎不在學校上大號，一回家就直奔廁所。雖然說還是用家裡的廁所比較習慣，心情放鬆也有助於排便，但是畢竟大半天時間都在學校，這樣實在不太健康。

為了改善現狀，有許多學校著手整修廁所。我造訪了其中的模範小學——世田谷區立山崎小學。

負責整修山崎小學廁所的是廁所建築的第一把交椅——由小林純子所率領的「貢多拉（Gondola）設計工作室」。

山崎小學副校長谷口一雄帶我們參觀時，我第一個注意到廁所的入口沒有門。在我的記

注七　臭（Kusai）、髒（Kitanai）、可怕（Kowai）、陰暗（Kurai）的日文發音都是K開頭，因此稱為4K。

憶裡，推開潮濕的廁所門會發出「嘰」的怪聲，這裡是用兼具遮蔽性與穿透性的毛玻璃取代，上面還貼著學生的手工和紙作品。

入口沒有門，不僅消除小孩對廁所的恐懼，也讓臭味得以消散。

男廁裡非常明亮，大窗戶引進自然光，淺藍色的洗手台、牆上的美麗木板營造出清潔感。完全沒有臭味，是個讓人想稍作休息的舒適場所。

我對學校廁所的印象還有「一整排的小便斗」。這裡的小便斗卻排列成半圓形，而且只設了三個。

山崎小學是三層建築，每層樓有三個年級、六個班級。雖然東側與西側都設有廁所，但不禁讓人懷疑小便斗的數量是否不敷使用？下課時間，排隊上廁所的人應該不少吧。

「每層樓的廁所都是男女有別。男廁有三個小便斗，二間廁所；女廁有三間廁所，這樣綽綽有餘。」

副校長這麼回答。整修前，設計公司的職員進行了一份問卷調查，根據學生利用廁所的次數來決定馬桶的設置數量。男廁的小便斗從九個減為三個，女廁的廁所間數則從六間減為三間，此舉讓廁所的空間更加寬敞。

我試著站在小便斗前，那種緊鄰隔壁小便斗的壓迫感頓時消失。半圓形的設計不需要隔間屏風，也能保有隱私。我以為這是設計師的原意，沒想到採訪時，她卻說一切出於巧合。「大家都這麼以為，其實我一開始並沒注意到有那種效果。我只是思考如何讓小空間發揮最大的功效，最好的結果並非在一個面上畫一條直線，而是在一個小空間裡創造可以讓人停留的舒

第二章 今日廁所的多樣貌

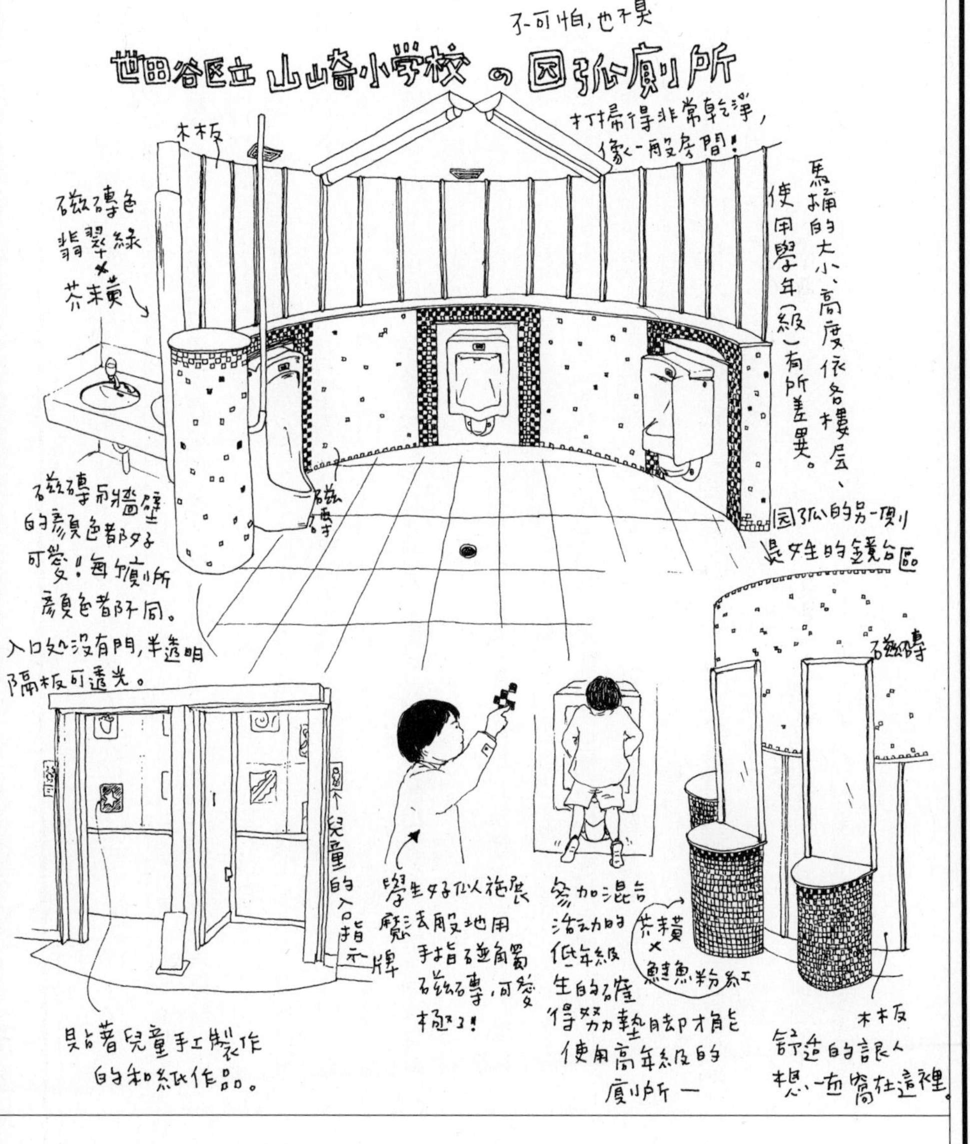
不可怕，也不臭
世田谷区立 山崎小学校 の 円弧廁所
打掃得非常乾淨，像一般房間！
木板
磁磚是色 翡翠綠 × 芥末黃
馬桶的大小、高度依各樓層、使用學年(級)有所差異。
磁磚
磁磚和牆壁的顏色都好可愛！每個廁所顏色都不同。
圓弧的另一側是女生的鏡台區
入口處沒有門，半透明隔板可透光。
磁磚
兒童的入口指示牌
學生好似施展魔法般地用手指著這角落磁磚，可愛極了！
參加混合活動的低年級生的孩子得努力墊腳才能使用高年級的廁所一
芥末黃 × 鮭魚粉紅
木板
貼著兒童手工製作的和紙作品。
舒適的讓人想一直窩在這裡。

適場所，最後的設計如你所見。」

接著往廁所間移動，這裡的空間也很寬敞。一個坐式馬桶、一個蹲式馬桶。世田谷區有個整修廁所的規範，明定這兩種馬桶的配置數目。如果只有一間廁所，就設置坐式馬桶；兩間廁所的話，就平均分配；超過三間時，半數以上得是坐式馬桶。

「因為一般家庭幾乎都是坐式馬桶，所以最近愈來愈多小孩在上小學時，才第一次使用蹲式馬桶。老師每年四月都得教新學生『要這樣蹲著上廁所喔』。」

原來如此。學校乃教育聖地，的確有必要教導學生如何使用蘊含日本傳統文化的蹲式馬桶。對成人來說或許再尋常不過，可是老師得教導學生蹲式馬桶的使用方向、在哪個位置蹲下、用多少衛生紙擦拭等等。

聽完副校長的解釋，我深深覺得小學的廁所終究比其他設施更為特殊。

儘管同樣是小學生，一年級與六年級的體格並不相同，對異性的在意程度也不一樣。一年級屬於男女共用廁所的幼兒時期的延長線，然而有些六年級學生的體格已發育得跟成人沒兩樣。

山崎小學並未明確區分哪間廁所給幾年級使用，由老師教導學生使用離教室最近的廁所，不過各年級的廁所仍有些許差異。例如，小便斗或洗手台的高度會依年級遞增而調高，高年級的女廁裡還設有發出水流聲的『音姬』感應器。雖然我個人懷疑真有必要設置嗎？但或許這只是反應出現代小學高年級生的實際需求。

此外，我發現低年級的廁所很乾淨，高年級男廁裡的壁紙卻出現部分損毀。小便斗的上方擺著裝飾花朵，上面寫著「乾淨的廁所創造美好的回憶」等字句，據說這是為了避免小孩爬到小便斗上玩耍。

儘管如此，大致上都非常乾淨，我想這應該歸功於認真打掃的小孩。我正想大大誇讚一番時，卻發現實情有所出入。

原來東京的小孩不用打掃廁所，而是由學校的專門人員或清潔公司負責。理由是家長會曾反應「讓小孩打掃廁所非常不衛生」。

這點我無法苟同。自己打掃才更能保持廁所清潔，不是嗎？我認為這在教育上非常重要。

我抱著疑問，決定更深入關心學校廁所的打掃問題。

東京純心女子學園

警衛室所在的校門口彼端，似乎流動著一股與外界截然不同的空氣。

理應有幾百位女學生正在上課，校內卻一片寂靜，害我不敢隨便出聲。花圃照顧的十分漂亮，庭園既美麗又高雅。

「果然校如其名。」

內澤環顧四周，有感而發。

這就是位於八王子市的東京純心女子學園，併設國中與高中的教會女校。

江角安修女創立此校，她希望「培育出擁有聖母瑪利亞般的純潔之心、把自己奉獻給上帝的女生」。因此，校名就叫做純心＝聖母純潔無瑕的心。學校簡介手冊上這麼寫著。

儘管我與這句話十分無緣，校長岩崎淳子仍殷勤地招呼我們。

「我之前採訪世田谷區的小學廁所時，得知家長基於衛生考量而反對小孩打掃廁所一事，我感到十分震驚……」

我再次闡述前來拜訪的原委。

自己打掃自己用的廁所，才會更留意不弄髒環境。藉由打掃廁所，教育小孩珍惜物品與設施，不啻為一個理想的實踐教育。因此我對世田谷區的計畫抱持懷疑的態度，但也不是所有學校都這麼做就是了（雖然各區不盡相同，東京卻有大半數的公立小學都不讓小孩打掃廁所)。內澤在升學雜誌界裡有些人脈，她拜託編輯部介紹「確實教育學生打掃廁所的學校」，於是推薦了東京純心女子學園。

「純心的座右銘是『別人不願做的，就由我來做』，我希望培育出這種學生。而打掃廁所最能實踐這種教育。純心不是新校舍，已經蓋了四十年了，沒有一間廁所是新的。正因如此，我們才要好好地親手維護並珍惜校舍與廁所，盡可能延長使用壽命。」

岩崎校長不疾不徐地說，讓我更加確定選對了採訪對象。

東京純心女子中學在新學期開始時，由中學三年級的學姊教導新生打掃廁所的方法。時值四月下旬，剛好是進行得如火如荼的時期。

三年級學生指導新生一事並非傳統，幾年前才開始這麼做，理由是「以前只要老師口述教導即可，但是現在的小孩根本不知道該怎麼打掃。無論在家裡或學校，都從來沒掃過廁所。新學期開始時，光靠老師教導完全行不通，不如由駕輕就熟的三年級美化幹部來分擔這項工作。」

第六節下課之後，就是打掃廁所的時間，從下午三點二十分開始進行十分鐘。我請校長帶我參觀打掃前的廁所。

當我踏進廁所時，第一個映入眼簾的就是淡粉紅色的廁所門，果然很符合女校的形象。馬桶、地板都乾淨的讓人以為已經掃過了。

蹲式馬桶與坐式馬桶各佔一半。仔細一瞧，我發現蹲式馬桶旁的沖水把手上包著一塊格子布。

「那是為了避免學生用腳踩著沖水，大概兩年前才這麼做。美化幹部的導師是家政老師，

她指導學生製作並進行包裹作業。」

的確，用這麼漂亮的布包著，大家肯定用手按壓把手沖水。不愧是女校，連點子都這麼細膩。岩崎校長又接著說，「我們還會定期拆下來洗喔。」讓我佩服得五體投地。

不久後，第六節課的下課鐘響了。校園裡瞬間傳來一波波女學生的明亮聲音，同時音樂聲響起。

打掃時間不斷重複播放著〈Top of the World〉。

首先走進來兩位穿著天空藍工作圍裙的三年級學生，站在她們對面的是穿著水藍色工作圍裙的五位一年級新生。

「開始打掃廁所！」

或許跟我們在場也有關，一年級新生的表情略顯緊張生澀，而兩位負責教導的三年級學生也擺出學姊姿態，讓我不禁莞爾一笑。

大家戴上橡膠手套之後，先清理垃圾桶，再把清潔劑噴在馬桶裡用刷子刷，最後用抹布擦拭馬桶邊緣。來自神奈川縣相模原市的一年級新生表示，她在小學時曾打掃過廁所，而來自八王子市的新生則說今天第一次打掃廁所。

可能是原本就不髒的關係，連第一次打掃廁所的學生都毫不遲疑地用抹布仔細擦拭馬桶。

「如何？第一次打掃廁所的感想？」

我走近問學生，她一臉純真地小聲回答「很好玩」。

打掃前，岩崎校長說，「有些學生一開始不知道如何打掃而顯得手足無措，學會方法之後，

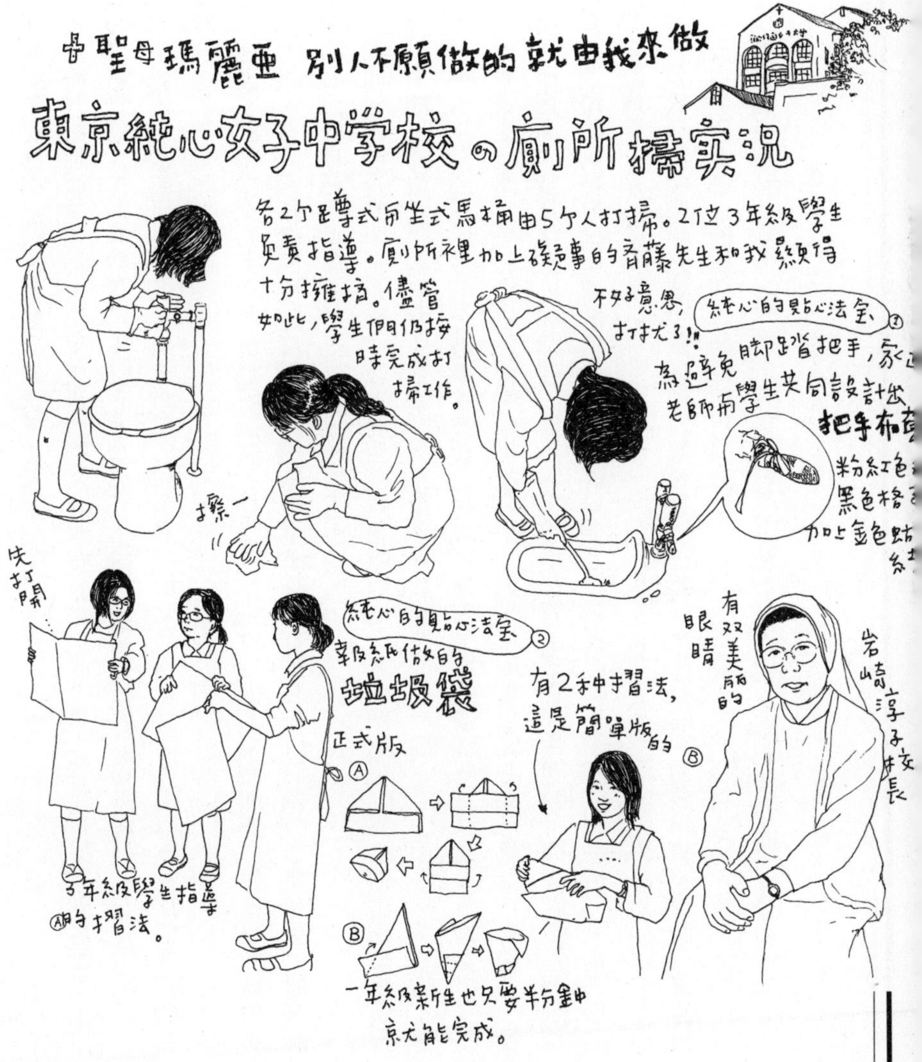
聖母瑪麗亞 別人不願做的就由我來做
東京純心女子中学校の廁所掃実況
各2个蹲式和坐式馬桶由5个人打掃。2位3年級學生負責指導。廁所裡加上隨行的齋藤先生和我顯得十分擁擠。儘管如此，學生們仍按時完成打掃工作。
擦—
不好意思，打擾了!!
純心的貼心法寶①
為避免腳踏把手，家
老師和學生共同設計出
把手布
粉紅色
黑色格
加上金色
先打開
純心的貼心法寶②
報紙做的垃圾袋
正式版Ⓐ
有2种摺法，這是簡單版的Ⓑ
有双美麗的眼睛
岩崎淳子校長
3年級學生指導Ⓐ的摺法。
一年級新生也只要半分鐘就能完成。

似乎都能樂在其中。」所言不假，讓我更加佩服。

這麼仔細地擦拭馬桶、做起來也很開心的話，想必如廁時，更能注重環境維護。這麼一來，養成珍惜物品、不浪費的習慣，將來為人母時，大抵不會教育出吵著買這買那的小孩。我似乎可以看見日本的光明未來，心頭竄過一股暖流。或許旁人還以為我這個歐吉桑在女校裡胡思亂想呢。

隨著〈Top of the World〉的輕快曲調，打掃工作也進行的非常有節奏。擦拭完所有的馬桶與地板之後，三年級學生從打掃工具的架子上拿取摺好的報紙，發給一年級新生。原來那是要放在垃圾桶裡，這個報紙垃圾袋有兩種不同的摺法。

我問岩崎校長其中的差異，她說一個是將報紙剪成一半的簡易版，另一個是報紙整張攤開後摺出的正式版。正式版的比較牢固，看起來也比較漂亮。

「對了，趁這個機會，三年級學姊教教一年級學妹正式版的摺法吧。」

岩崎校長語畢，三年級學生便開始摺紙教學。據說從前東京純心女子學園為了避免水管堵塞，不把衛生紙直接丟入馬桶裡，而是丟進垃圾桶裡，然後集中焚燒。學生習慣把報紙垃圾袋放入垃圾桶裡以延續傳統。岩崎校長說只要是東京純心女子學園的畢業生，一定會摺這種報紙垃圾袋。

三年級學生的動作迅速，熟練地摺好報紙，一年級新生站在一旁看得目不轉睛。這幅清純的光景與綠葉萌芽的季節十分匹配。

採訪結束，當我離開東京純心女子學園時，感覺似乎拭去了一些內心的污穢。

新宿回憶橫丁

好令人懷念啊……。雖然我不常出沒於此，但走進來的那一瞬間，復古情懷油然而生。沿著新宿西口的電車軌道，俗稱小便橫丁的燒鳥橫丁與回憶橫丁緊連著，是條深受成人喜愛的酒攤小巷弄。

狹窄的小路上密密麻麻地擠著只有吧檯座位的小店，穿著西裝的上班族鬆開領帶喝酒聊天。連白天，陽光也照不進來，所以有人說這裡是唯一一個可以在大白天光明正大喝酒的地方。炭火、香煙瀰漫的怪異氛圍一點也沒變，與二十多年前我第一次造訪時如出一轍。

儘管周遭的面貌陸續改變，高樓大廈、家電大賣場到處林立，然而只有這個世界的時間過得特別慢，是個非常不可思議的空間。

這裡的歷史可以追溯到戰後糧食缺乏的年代。當時只要來新宿，就能找到吃的，因此這個戰後燎原自然衍生形成市場。之後，東京再次開發，創造出令人目眩的精彩發展。這一角卻好像跟不上腳步似的，才得以讓當時的面貌留至今日。據說菊池凜子主演的話題電影《火線交錯（Babel）》也曾經在此取景。畢竟它可說是這個大都會的混沌縮影，也是一個令人迷惑的空間。

我走了一會，選了一家氣氛好像還不錯的炭火烤肉店。

「歡迎光臨！」

一個亞洲年輕女子開朗地招呼我。

對了，只有這一點和以前不同，這裡多了一些亞洲籍服務人員。

我選了中間的空位坐下，座位擠，緊挨著鄰座。當我坐下時，還碰到隔壁男人的肩膀。穿著西裝，頭髮略微稀疏的男子對我說：

「好一陣子不見。」

一開始我還不曉得他在跟誰說話，我第一次來這家店，而且我對他根本沒印象。

你認錯人嘍。他聽了歪著頭說，「是嗎？」接著又舉杯對我說，「算了。你好。」

就是這種調調。小林小姐說的就是這種感覺……，真令人莫名開心。

❖

採訪山崎小學時，「貢多拉設計工作室」的負責人小林純子小姐促成我再次造訪回憶橫丁。

她非常親切體貼，採訪結束後還問我們「要不要去喝一杯？」請我們與幾位同事吃晚餐。

席間我問她「現在還有移入式廁所嗎？」得到的答案就是這條俗稱小便橫丁的小巷弄。

「位置跟費用都相當不理想，本來打算拒絕。但是在開完會的回程計程車上，碰巧收音機播放著『鏘鏘民謠』，其中有一句『陌生同好敲打著小碟……』，歌詞好似描述那條小巷弄的氣氛，瞬間覺得難以推辭。」

小林小姐的回答引起我的興趣，讓我好想看看『貢多拉設計工作室』將如何整修那個地方，於是前往好久沒去的回憶橫丁改建現場。

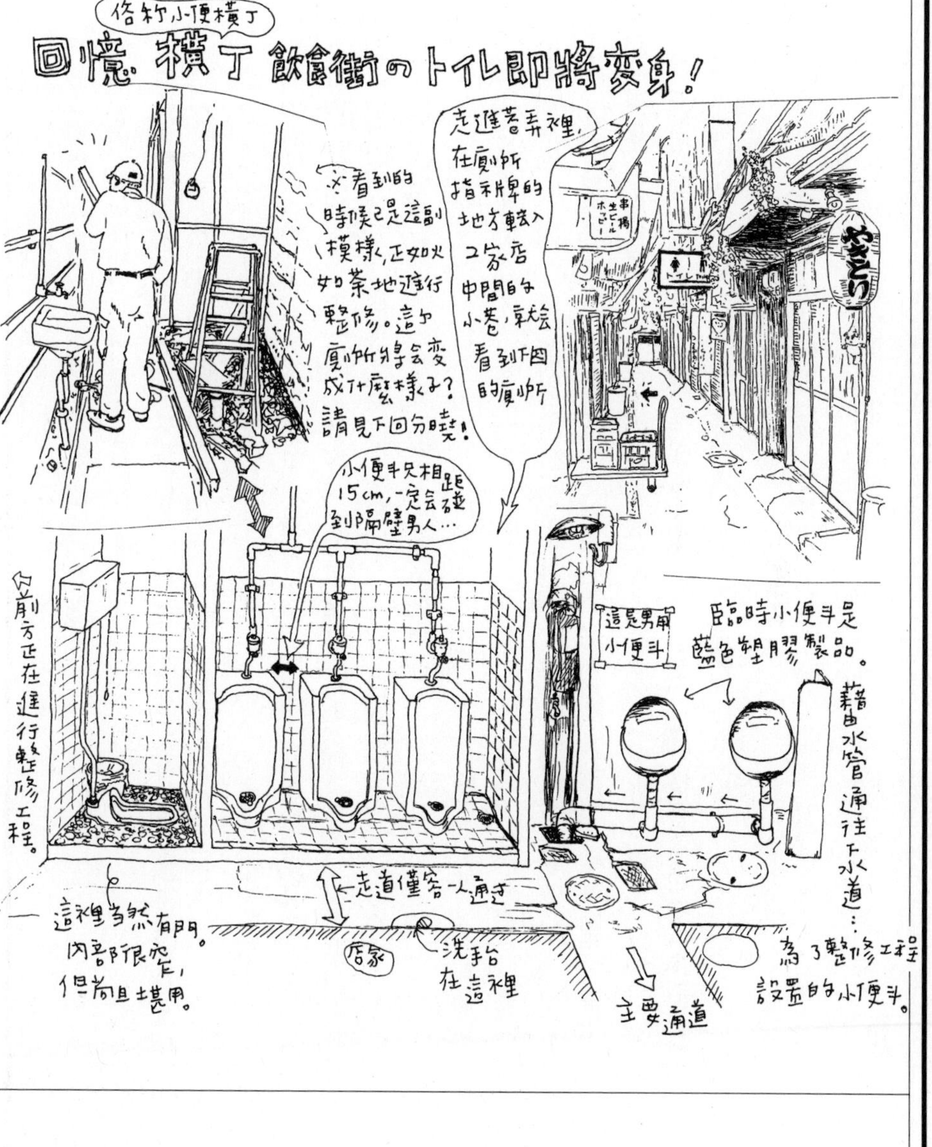
俗稱小便橫丁
回憶 橫丁飲食街のトイレ即將変身!
※看到的時候已是這副模樣，正如火如荼地進行整修。這個廁所將会变成什麼樣子?請見下回分曉!
走進巷弄裡，在廁所指示牌的地方轉入2家店中間的小巷，就会看到下圖的廁所
やきとり
小便斗只相距15cm，一定会碰到隔壁男人…
前方正在進行整修工程。
這是男用小便斗
臨時小便斗是藍色塑膠製品。
藉由水管通往下水道…
這裡当然有門。內部很窄，但尚且堪用。
走道僅容一人通過
店家
洗手台在這裡
主要通道
為了整修工程設置的小便斗。

我曾去過幾次回憶橫丁，十分了解那邊廁所的狀態。

簡單地說，就是又窄、又暗、又髒，有點落後的感覺。

尤其是窄的不得了。雖然有三個並排的男用小便斗，不過小便斗之間的距離就跟店家的吧台座位一樣近，使用時肯定會碰到隔壁男人的肩膀。

或許有人認為「這樣很符合遇見陌生同好的橫丁風貌」。此外，廁所間更是小的嚇人。

廁所間的前後長約七十八公分，光是站著就覺得小了，何況還得蹲著使用馬桶。如廁時，牆壁近在眼前，背後也沒多大的空間，擦屁股時，很容易碰到身後的牆壁。然而，也有人對這個狹窄空間抱持正面的意見，譬如說醉漢可以靠著牆如廁、或認為這樣比較不容易跌倒等等……

我從晚上八點多開始喝，中途移步到橫丁中間的公廁。

現在整修工程正進行到一半，預計六月中旬完成。當我看到小巷弄前方的公廁時，訝異地脫口說出「這是什麼啊？」

兩個不常見的小便斗設在小路的牆壁上，不在之前小便斗的位置。

小便斗的材質主流是陶器，這兩個卻是斜切的藍色塑膠桶。直接鎖上螺絲固定於牆壁，由於側面會曝光，所以還立了一個遮擋用的合成板。

這應該是業者在施工期間所設置的臨時小便斗吧。粗糙、廉價的簡易廁所與周圍的氣氛融為一體。男人在小路牆壁上的小便斗排尿，乍看還真像隨地小便的樣子。

真是一間了不起的廁所。

之所以把回憶橫丁、燒鳥橫丁叫成小便橫丁，就是因為沒有廁所的戰後時期，酒客大多站在軌道下的牆壁前解決生理需求而得名。

儘管這個臨時小便斗只是權宜之計，卻充分體現小便橫丁的原貌。

如果它出現在一般的路上，肯定格格不入，應該也沒有人願意使用吧。然而它卻十分融於擁擠陰暗的小巷氣氛，絡繹不絕的醉漢一個接一個來報到。我也想物盡其用一下，站在開放空間的小路排尿，聽到自己排出的尿液透過水管流進下水道的聲音，在在讓我感動莫名，真不愧是傳說中的小便橫丁！

隔天日間，再次造訪施工中的回憶橫丁廁所。我問施工業者的大叔「這個小便斗是特別做的嗎？」

「這個啊，只要去賣建材的店就買的到啦，大概五千圓吧。本來施工現場的小便斗下方都會接個水箱，蓋大樓時，每一層樓都有，不然跑廁所挺麻煩。怎麼啦，這個小便斗很稀奇嗎？你想要的話，工程結束時送你嘍。」

那倒不必了。雖然它並非業者的特別安排，不過這間臨時廁所卻意外地融入橫丁的氛圍，讓我好生感動。

這間廁所有如昭和時期的遺產一般，它將會如何重生呢？

我決定在工程預定結束的六月中旬再次造訪。

之後過了一個月。

接下整修工程的業者告訴我，「很少碰到這麼麻煩的案子。」

一般來說，施工時大多禁止使用廁所，可是回憶橫丁只有這間廁所，約莫兩個月的施工期間都無法完全封閉廁所，這種階段式進行工程非常麻煩。

「鋪水泥地時，一定得派人監督，否則就算寫了『水泥未乾，請勿踐踏』，還是有人視若無睹。不過，最讓人甘拜下風的是半夜的『禮物』。」

有女子在半夜把褲襪與內褲留在施工中的廁所間旁，裡面包著排泄物。

新宿這個不夜城、都會的酒食集中地，發生在此的公廁插曲也如此強烈。整修工程歷經風波，這間公廁終於獲得重生。

過去小便斗並排在又暗又窄的走道旁，現在整個空間明亮許多，而且變得非常乾淨。

設計不標新立異，地板、牆面、門統一採用象牙白的色調，呈現協調安穩的感覺。

重視女性常客、創造便於女性使用的廁所是整修重點。

整修前的廁所配置非常簡單，三個並排的男用小便斗後方各有兩間男用與女用廁所。女性使用廁所時，非得經過小便斗與男廁不可。

整修之後，女廁設在一進走道的小便斗前方。而三個並排的小便斗後方有一間男女合用的廁所間，以及一間女廁。

這麼一來，原本四間廁所少了一間，解決了空間狹窄的問題，其中一間女廁也移到最前方。此外，之前洗手臺台位於小便斗對側的走道上，顯得擁擠。如今設在入口與後方廁所間的外側，讓走道更寬敞、更容易通過。

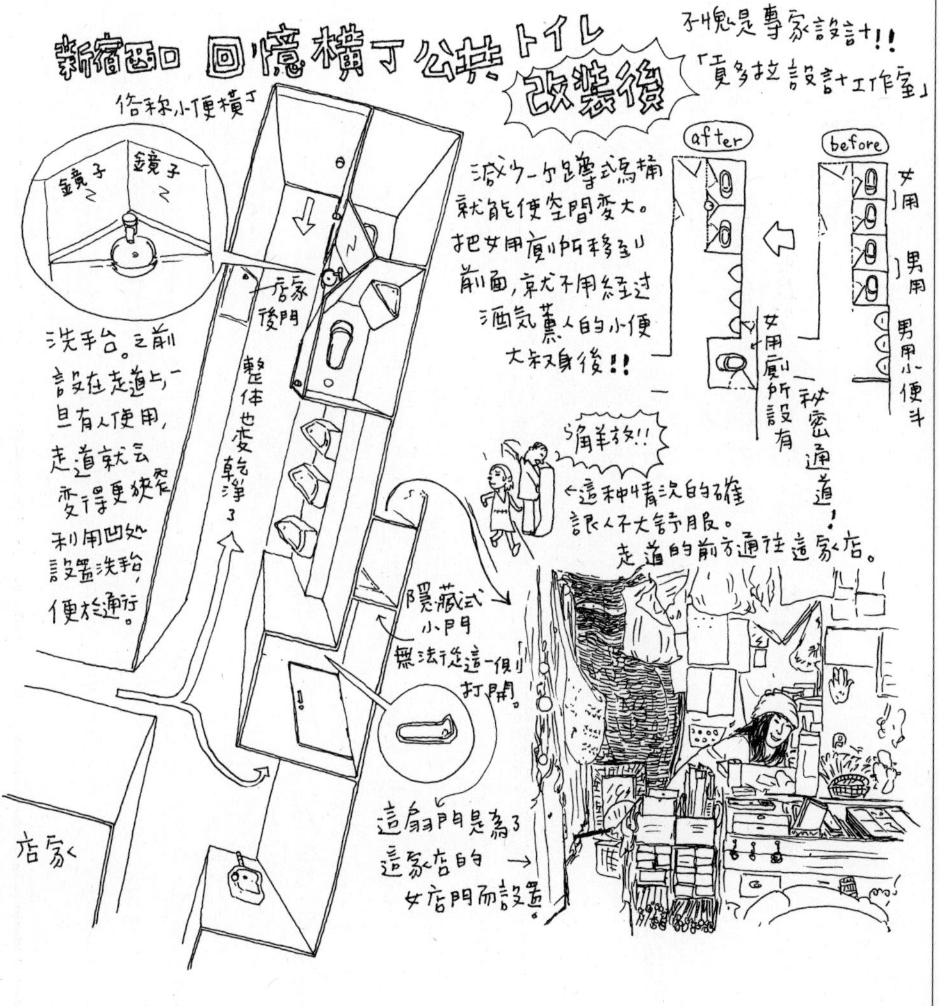
新宿西口 回憶横丁公共トイレ
改裝後
不愧是專家設計!!
「貢多拉設計工作室」
俗称小便横丁
鏡子
鏡子
店家後門
洗手台。之前設在走道上，一旦有人使用，走道就会变得更狹窄
利用凹处設置洗手台，便於通行。
整体也变乾淨了
after
before
女用
男用
男用小便斗
減少一个蹲式馬桶就能使空間变大。
把女用廁所移到前面，就不用経过酒気薰人的小便大叔身後!!
女用廁所設有
秘密通道!
解放!!
←這种情況的確讓人不大舒服。
走道的前方通往這家店。
隱藏式小門
無法從這一側打開。
這扇門是為了這家店的女店門而設置
店家

我走進男女合用的廁所間，發覺內部空間完全不一樣。以前只有七十八公分寬，現在卻多了將近四十公分，更便於使用。

將洗手臺設在廁所間的外側，斜切馬桶前的壁面，使室內呈現五角形，也讓人感受到富變化的設計特色。

至於平面地板與馬桶邊緣的高度也是值得留意的細節。

整修的另一個重點是為了保持整潔。因此，設計上也顧慮到可否輕易用水沖洗地板與馬桶。方便清掃就能讓廁所保持乾淨，利於女性客人使用。

過去使用男用小便斗時，會出現肩碰肩的窘況，如今小便斗之間的間隔不再狹窄。廁所間的地板也具有傾斜度，並設有排水孔，方便清掃。

然後是女用廁所間。

這裡當然是男性止步，這次因為有內澤小姐陪同，而且我們事先向管理此處的新宿西口商店街振興工會的福田鐵男事務局長報備，獲得許可。

這裡與後方的廁所間一樣，同為蹲式馬桶。

根據之前的調查，女性多表示「絕對不要與肌膚有所接觸的坐式馬桶！請採用no touch的蹲式馬桶」的意見。

「原來如此。這就是傳說中的那扇門嗎……？」

這個廁所間的後方，還有一扇小門。這扇窄門隱身於後方的狹小空間裡，一般人一定以為是用來擺放打掃工具。

其實這扇小門反映出回憶橫丁的內幕。

這間公廁被回憶橫丁與新宿西口商店街所包圍。進入公廁的方法，除了利用回憶橫丁與其北側的走道之外，還有一條祕密通道。

外側大路上有一間專門販售進口雜貨的店家，它的後門可以通往這間廁所。這家店營業至凌晨，店員可以藉由這條走道使用公廁。這次公廁整修，將女用廁所間往前移，因此堵住了這條祕密通道。加上這次工程在回憶橫丁的走道上設置大門，一旦店家半夜關門，便無法使用公廁。

由於流浪漢經常在深夜利用公廁的自來水洗澡（公廁的水費因而異常的高），而且如同前文所述，有不少醉漢在這裡小便。為了防止犯罪，最好禁止出入巷內小路。不過這麼一來，雜貨店的店員直到早上都無法使用廁所，最後才想出在女用廁所間設置祕密小門的辦法。

女用廁所間有個感應器，只要有人使用，就會顯示在雜貨店的感應板上。當店員想要使用廁所時，必須先確認感應板，得知無人使用，才從店家後門打開小門的鎖，進入女用廁所間。負責此計畫的淺井佐知子小姐說，「我很佩服大家在妥協中求生存。」而我則想為考慮良多的貢多拉鼓掌。

我和內澤從回憶橫丁走到外側大路上，準備到那家雜貨店採訪。亞洲味濃厚的店內飄蕩著檀香味，有兩位年輕的女店員。介紹自己正在採訪東京的廁所之後，兩人微笑說，「機會難得，要不要帶你們參觀一下？」於是帶領我們來到收銀機後方。

有面鏡子隱身於幾塊垂吊的彩色布簾之後，把鏡子挪開就是一扇門，而那扇門就是方才

我們在女用廁所間裡所看到的小門。

「半夜一點～五點左右的生意最好。還好有這扇門，讓我們半夜也能上廁所。」

這兩位非常開朗的女生笑著說。

公廁的整修費用由包括回憶橫丁在內的新宿西口商店街振興工會共同負擔。雖然那扇祕密小門只有雜貨店使用，不過只讓一家店負擔多花的整修費用也說不過去，最後大家同意平均分擔。

沒想到在這混沌的新宿都會中，讓我看到回憶橫丁彼此互助的精神。

築地市場

凌晨三點五十分的銀座，街上不見人影，也幾乎沒有半輛車。大都會仍在沉沉睡意中。然而，在晴海路的築地四丁目十字路口右轉之後，氛圍便大不相同，唯獨這一帶像白天似的。輕快的啪噠啪噠聲，大抵是小型搬運車的引擎聲。連場外都能感受到大家精力充沛的活力。

這就是築地市場。

它是東京都的中央批發市場之一，也是眾所周知的日本最大魚市。

由於只有相關人士能開車進入場內，裡面也沒有停車位，所以我在附近找了停車格之後，就換上防水長靴。

這次的採訪時間相當早，連地下鐵都尚未營運。我從家裡開車來是對的，尤其我還帶了長靴。

販售水產品的市場裡，走道肯定都是水。出入於市場的業者，幾乎都穿著防水長靴。有了它，才能安心地走在場內，所以我準備了給自己與內澤穿的（我跟妻子借的）兩雙長靴。順道一提，長靴對於住在鄉下的我來說，是日常生活中不可或缺的東西。我喜歡耐用時髦的戶外用品品牌AIGLE的長靴，最近有許多年輕都會女性把它當成雨鞋。

我們在正門的執勤守衛室辦完採訪手續之後，才踏入場內。

我曾在白天造訪築地市場，這麼早來還是第一遭，馬上感受到完全不同於白天的活力。人群攢動，開放式拖車不斷穿梭於場內。如果走得慢一些，似乎很有可能被快速行駛的拖車輾過。過馬路時，也得算準拖車通過的空檔，然後迅速通過。畢竟這裡與一般馬路不同，行人應該禮讓車輛。喧鬧聲不絕於耳，到處都聽得見叭叭地喇叭聲，讓人聯想到曼谷或德里等亞洲都市。

當然每個人的動作都很敏捷。保麗龍盒搬貨工、卡車貨物裝卸工、產品排放工等等，沒有一個人在打混，大家非常有節奏地工作。眼前這幅光景讓我重新了解日文「働」(工作之意)這個字代表「人」在「動」。

一開始先到五金行、蛋卷店、壽司店聚集的角落，依照指示牌走進小巷裡的廁所。它並沒有了不起的特色，設備與配置就跟從前的車站廁所一樣。如果真要說有什麼特別的話，應該是貼紙上寫著『這間廁所是○○○號』的三位數號碼，以及「馬桶與洗手台溢水是○○○、換燈管是○○○」等等詳細聯絡電話。

我們再往後方走。保麗龍的摩擦聲與講話聲更明顯，走道上的水窪也逐漸增加。讓我深深覺得這長靴真是穿對了。

來到一個十字路口，有間賣飲料、報紙、麵包的小商店，旁邊有一間廁所。

這間廁所不太一樣。

入口指示牌標明男女共用，不分男女。最大的差別在於入口有個沖水處。

磁磚圍出一個長約一公尺、寬約四十公分的凹槽，就在入口的腳邊位置。深度大約剛好

第二章 今日廁所的多樣貌

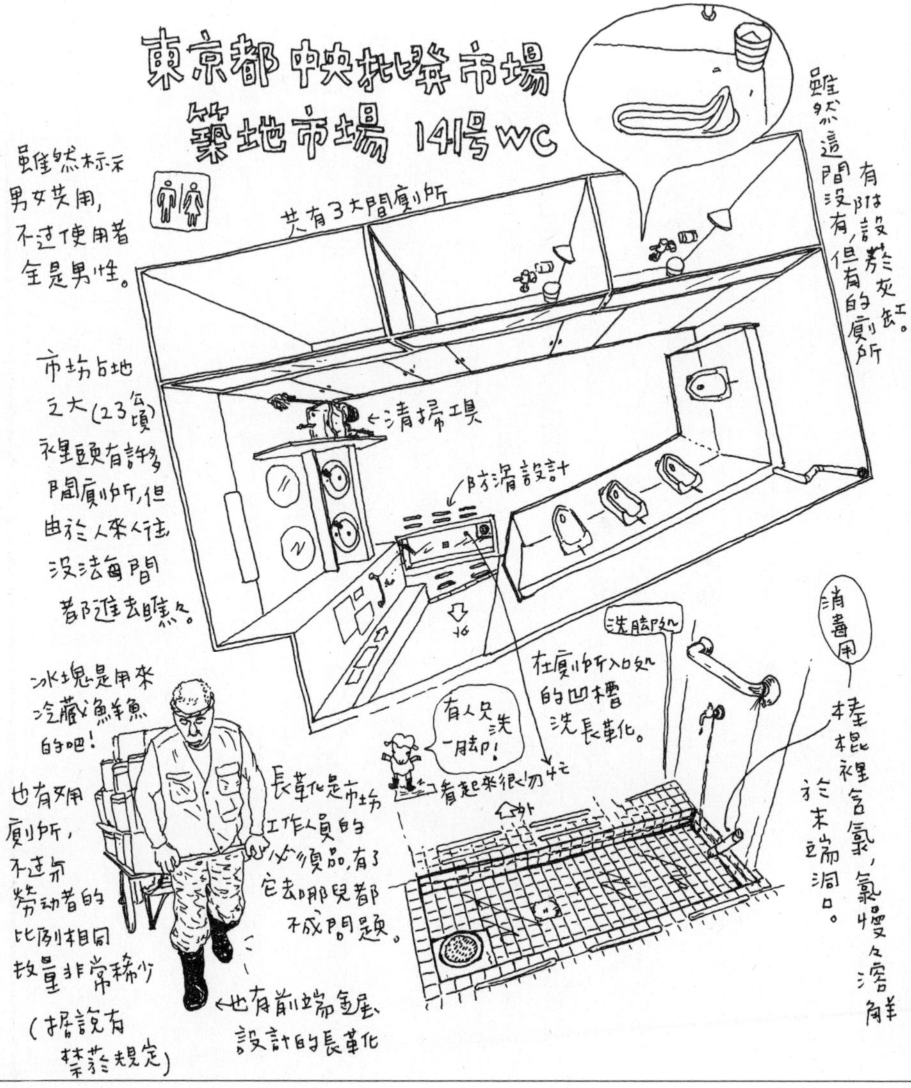

蓋住腳背。上頭還貼了寫著斗大的字的告示：

「穿長靴者，請在此沖洗鞋底。」

「這個洗腳凹槽可以消除O－157等細菌，請勿把細菌帶入場內。相關單位強烈要求此處供應充足水源。」

洗腳處有個水龍頭，還有裝著消毒藥的容器浸泡於凹槽內。我猜想它應該出現在平成八年（一九九六），發生O－157大腸桿菌集體食物中毒事件之後吧。

水泥地板上滿是待標的冷凍鮪魚，穿著長靴的業界人士在一旁來回踱步。大家都直接穿著長靴去廁所，上完廁所後又穿著長靴回場內。為了防止傳染O－157大腸桿菌，於是廁所入口設置了洗腳處，並宣導離開廁所時務必沖洗長靴。

我站在廁所入口，觀察陸續前來的人。

這間廁所位於商店旁，使用人潮川流不息。雖然是男女共用，不過我沒看到任何一個女生進廁所（這裡的女生本來就不多）。使用者清一色是男生，而且每一個人都穿長靴，毫無例外。可是沒有人在上完廁所後洗長靴，大家很理所當然地跨過洗腳處走出來。

我不敢說出「豈有此理」這樣的話。畢竟穿長靴上廁所的築地男兒，沒洗長靴也沒造成O－157大腸桿菌傳染事件，這是事實。

我繼續觀察進出廁所的人，發現一件事。

當他們進廁所之前，有不少人已經拉下拉鍊，把手放在胯下。

最近不常看到這幅光景，無論在車站廁所或公園廁所，大家都是進了廁所、站在小便斗前，然後才拉下拉鍊。我採訪小學廁所時，曾經看到小朋友一邊拉拉鍊一邊進廁所，印象中之後再也沒看過了。

雖然這是男女共用的廁所，不過拍賣仲介業者全是男生，可以說這是一個男人的世界。我總覺得在築地工作的男人，散發出一股大方純真的江戶人氣質，這次看到他們上廁所前的樣子，更加深信不移。

既然都來了，接著就去看鮪魚競標吧。中央處設有一條觀摩者走道，視野佳，最能感受現場氣氛。

據說築地成了外國觀光客的觀光行程之一，儘管時間這麼早，現場已經有許多外國人。大家手拿照相機，一臉好奇地東張西望，那模樣真有趣。

我聽到腳邊發出的沙沙聲響，定睛一看，才發現幾個歐美女生在鞋子外面套上塑膠袋。瞬間就成了一雙臨時長靴。說不定網路正流傳這個「行走於築地的妙方」。

不過真正的防水長靴才是所向無敵。我多麼想向外國人炫耀這才是造訪築地的必備品。

我們混在參觀人群裡，突然有一位身材魁梧的鮪魚標售業者對我說：

「你們不可以在那裡。」

由於聲音頗具威嚴，我們還以為被斥責了。其實不然。

「你們有許可證可以站在這邊看，來吧！」

原來是他看到我們別著採訪臂章。恭敬不如從命，於是我們移到業者那邊參觀拍賣過程。

我們看了一會之後，就跑去大啖頂級壽司美食，一方面犒賞起個清早從八岳山麓驅車前

來的自己。

築地市場將移往豐洲地區。體會築地特有的氛圍之後，我只能說我堅持反對遷移築地的計畫。

淺草世界館

出國前一天，我經常下榻於上野車站附近。如果搭乘上午從成田機場出發的班機，當天早上才離開八岳山麓的寒舍，肯定來不及。所以我大多選擇下榻於上野。它不僅是京成電鐵機場快車的發車站，附近也有許多價錢便宜的商務旅館。每當我看到旅館附近的三級片電影院招牌，不禁心生疑問。

究竟什麼人在什麼狀況下，會去看三級片呢？

從前的話，我還能理解。畢竟自己三十年前來東京時，曾經心跳加速地前往新宿的三級片電影院。然而，現在的業界狀況大為不同。這年頭成人影片（DVD）售價低廉，透過網路便能輕易取得相關影像。到底三級片電影院如何生存？

電影院前張貼的海報上淨是些無名小演員，長得不特別美，身材也沒特別好。儘管如此，還是有人花錢進電影院，他們到底對三級片抱著什麼期待？

我實在提不起勁一探究竟。直到內澤說「有一本有趣的小眾雜誌」，我收到之後讀了介紹文章，才產生興趣。

那是電影愛好者赤穗貴志先生寫的〈都內二輪電影院．三級片電影院深入報導〉，他在淺草世界館一欄寫著「廁所的位置給我極大的衝擊」，最後還附註「我發誓不會再去這裡」。

這引起我這個廁所評論家的興趣，也是造訪三級片電影院的絕佳機會。於是我在上映時

間前，出發前往淺草世界館。

❖

淺草世界館位於淺草新劇場一隅，附近有小鋼珠店、脫衣舞秀場、場外馬券發售所等等，後方可以看到花屋敷遊樂園的雲霄飛車與摩天輪。這裡不像六本木或表參道的時尚都會區，反而飄盪著一股親民、低級大眾娛樂的氛圍。

事前聯絡好採訪事宜，到了現場之後，淺草世界館的工作人員馬上帶我參觀廁所。

經過觀眾席旁的走道，來到大螢幕的後側，正前方有個樓梯。抬頭望向樓梯上方，就會看到三個並排的小便斗。

赤穗先生形容這些小便斗「有觀眾時，大家會從下方看到側身排尿的人。不論是目擊或被目擊那個放射線畫面，都讓人不太舒服。」

這裡沒有門、也沒有隔板，的確會發生赤穗先生所描述的情形。而且廁所的照明明亮，經過微暗的電影院走道，往上一看，小便斗就像打了聚光燈的舞台一般。

我爬上樓梯，試著站在離樓梯最近的小便斗前。從樓梯下方便可直視我的泌尿器。排尿時一定低著頭，所以當有人從樓梯下方走上來時，肯定會撞見自己的泌尿器。

那麼就選擇離樓梯最遠的小便斗吧。可是，它有別的問題。

裡面的小便斗旁邊，緊鄰著一間廁所間，進出時，門板會打到排尿者的背。實際上，只有中間的小便斗能夠使用。

第二章

今日廁所的多樣貌

淺草世界館 大螢幕後のトイレ
工作人員也能使用。
← 但同一個建築物裡的淺草新劇場則是觀眾專用(應該)。或許是這個原因，有些大叔在裡頭擦澡，把這裡當家了…
上映三級片
現在的樣子
過去的樣子
紅磚建築很可愛
淺草世界館
淺草新劇場
← 這裡有場外馬券發售所，以及白天就營業的小酒店
吸いつく絶頂
外出券
月
日
浅草世界館
30分
←「外出券」是這裡的"名產"電影看到一半也能外出。
總之狹窄的不得了
一間男廁
2間女廁
這裡正是大螢幕的背面
外面
不過上頭沒有塗鴉，非常乾淨。

這裡的廁所出乎意外的乾淨。我以為一定髒的要命，沒想到馬桶、地板與牆壁的磁磚都非常乾淨，看得出很用心打掃。或許有人排斥這裡的小便斗位置，不過一定能感受到清潔度。

還不到開館時間，所以順便參觀了女用廁所。

工作人員表示這裡幾乎沒有女性觀眾，所以只有女性員工使用。

共三間男用與女用廁所間，內部令人歎為觀止。

一般來說，廁所間的地板不是正方型就是長方形，但這裡全是五角形，形狀也各不相同，馬桶的方向也有些微差異。

大概是受限於廁所空間，加上梁柱等構造上的因素，建築師才如此折衷設計。特別訂製的門寬只有四十公分，地板面積也各不相同，隨處可見巧思，充滿人情味。一蹲下，膝蓋就會碰到牆壁，但也不是不能使用。

結束參觀之後，我與內澤道別，並買了一千圓的入場券重新入場。

上映的三部片分別是《沉溺於孽緣的嬸嬸與外甥》《公車色狼 融化的私處》《愛慾的輪迴 吸吮顛峰》，每一部都是六十分鐘，文案也各不相同。尤以《嬸嬸與外甥》所使用的「近親淫亂關係的猥褻香氣」字眼最為強烈。

老式海報設計讓人誤以為是老掉牙的作品，其實它是二年前拍的。另外，同一部片的片名在別家可能完全不同，據說中野的電影院就是用另一個名字。

順道一提，三級片並非松竹、東映、日活等知名電影製作公司所拍攝，而是小公司製作的成人電影，特色是預算少、拍攝時間短。

上映前十五分鐘只有我一個人，十分鐘前來了另一位，開始播放前只有五位觀眾。據說週一的第一場大致如此，之後觀眾會愈來愈多，週六週日六十個座位幾乎座無虛席。

我坐在最後一排，腦海裡突然浮現廁所的牆壁上寫著，「想要身體舒暢的話，請務必坐在最後一排。」今天觀眾這麼少，應該不會發生什麼特殊狀況。

觀眾淨是些上了年紀的歐吉桑。電影內容不似A片令人心跳，還是有故事情節，並沒有局部馬賽克出現。偶而會有影像模糊處理，但大多是藉由攝影技術或角度避開局部特寫。與打上淡淡馬賽克的A片相比，反而感到新鮮。

至於電影院內的氣氛，也與觀賞復古電影如出一轍，讓人感到莫名的安心。沒有低級的感覺，而是飄盪著一股放鬆的氛圍。我猜想應該沒有人看了電影裡的性愛畫面感到興奮吧。

我在休息時間採訪販賣部的女店員。

「有人從早待到晚，利用外出券進進出出，一整天都在看電影。」

「外出券」上面蓋著印章，呈現出濃厚的手感。

販賣部提供外出券，觀眾拿了外出券就能外出。雖然一次限時三十分鐘，不過不限使用次數。據說有人中途去吃飯、買賽馬券，或是去喝茶，就這樣在電影院裡消磨一整天。

我也拿了一張外出券。當手上握著這張紙，似乎有點了解出入三級片電影院的觀眾心理。

透過網路在家看A片的話，就無法體會這種與別人共享空間的安定感。

如同不可思議的廁所配置、手工外出券所象徵的一般，在這裡能感受到電影院、觀眾、製作低預算電影的工作人員之間的牽絆。

現代資訊與數位科技發達，滿足個人情慾需求的產業因應而生，不過也顯現出三級片電影院的存在價值。不，應該說我希望如此，在我看到那些舉止得宜的觀眾之後更這麼覺得。

第二章

默默付出的背後功臣

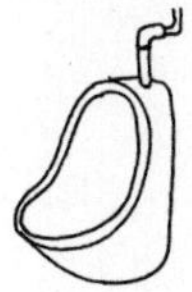

縁の下の力持ち

交流下水道館

對自己的排泄物下落感到好奇的人，應該不到百分之一吧。

不管拉出什麼樣的形狀，水一沖就沒了。消失於馬桶的排泄物究竟去向何方？最後變成什麼東西？我猜大多數的人連想都沒想過。

我住在東京時也是如此，直到我離開東京搬到八岳山麓生活，在未開墾的土地上親手蓋自己的房子之後，才改變想法。

如果房子是蓋在下水道設施完備的住宅區，情況便截然不同。然而在鄉下地方，自家的排泄物得自行處理。將合併淨化槽埋在地底下，淨化污水的動作就在自己的土地進行，不過我家的污水處理跟一般情況略有差異。

我家並不是利用滲透槽讓污水滲透到地底下，而是在庭院挖個池子儲存污水。

這池子的功能是什麼呢？

它有兩個功能。一是在污水池裡養布袋蓮或蘆葦，利用植物的力量分解吸收淨化槽裡不易處理的窒素與磷，達到自然淨化的效果。二是在池子裡放養美國螯蝦，當作小朋友的遊樂場所。

可是，真的能在污水池畔玩耍嗎？大家或許會懷疑。事實上，池子裡的積水經過處理，也具有美化環境的作用。

我家的污水池裡住著美國螯蝦，由牠們掌管排水狀況。換句話說，美國螯蝦是我家的排水指標。所以，得時時警惕自己不能沖倒一些可能影響生態的物質。具體的行動像是使用肥皂，不使用合成的洗碗精、洗衣精、洗髮精等清潔劑，還有不把衛生紙直接丟入馬桶裡，而是丟進一旁的垃圾桶，最後再統一燒掉等等。

也許沒必要大費周章這麼做，不過我並不排斥這種生活，沖水時反而有種安心的感覺。我經常得意洋洋地向來訪的友人炫耀這套作法，直到最近才有些變化。

由於鄉鎮合併的緣故(是打算在合併之前把經費用光吧)，我家附近也開始進行下水道工程，亦即廢除使用合併淨化槽，將排水管與下水道連接。

下水道管工程費用要二十萬圓。若從埋設下水道管的地方到住家的距離在五公尺之內的話，就不必付費。照理說我應該馬上換才對，可是家裡已經有淨化系統，而且我也不愛喜新厭舊，實在有點捨不得。加上我不太了解下水道系統的運作方式，這也是我猶豫不決的原因之一。

因此，我打算趁這個機會，好好了解下水道。於是前往東京小平市的「交流下水道館」。

❖

為了紀念小平市的下水道普及率達到百分之百，平成二年(一九九〇)成立了一座「交流下水道館」，專門展示下水道的構造。其中最經典的是深入地下二十五公尺的下水道管參觀。不需實地體驗污物的臭味，就能學習生活用水及污物的處理方法。「交流下水道館」成立

的目的是希望民眾藉由實際接觸，從污水系統認識水源環境。

該建築物共有七層，地上二層，地下五層。每層樓的展示室分別解說關於下水道的構造，即使對下水道沒有一點認識，也能透過館內的說明了解整個運作系統。

「有人以為在下水道管會看到大便，其實不然。因為混合了洗澡水、洗衣水、廚房用水之後，大便早已溶解成液狀。」

小平市環境部下水道課的波多野進治先生說道。實際上，排泄物佔下水道污水的比例非常的小。

「從管理下水道的角度來看，馬桶沖水時，最好確實使用充足的水量。有些人為了省水會在水箱裡放寶特瓶，這麼做可能無法藉由大量的沖水力道帶走大便。」

我採訪亞洲各國的廁所時，發現韓國等地因為下水道管容易堵塞，所以不直接把衛生紙丟進馬桶裡，而是丟進旁邊的垃圾桶。波多野先生表示，由於日本的下水道是採用利於順暢流動的坡道設計，國人使用的衛生紙也能溶解於水中，因此不太會有堵塞的問題。

「但是，如果把油倒進下水道，就會凝固堵塞，造成惡臭。所以千萬不要把油倒進下水道哦！請先用抹布或紙巾把鍋碗上的油漬擦掉再洗滌。」

接著，我們往更深層的下水道管移動。

途中參觀了展示室。抵達地下五樓時，從深處傳來轟轟巨響。這裡展示了下水道實際使用的水管以及下水道孔等。只見前方有個小樓梯，厚重的防水艙門是打開的，眼前就是貨真價實的下水道管。

第三章

默默付出的背後功臣

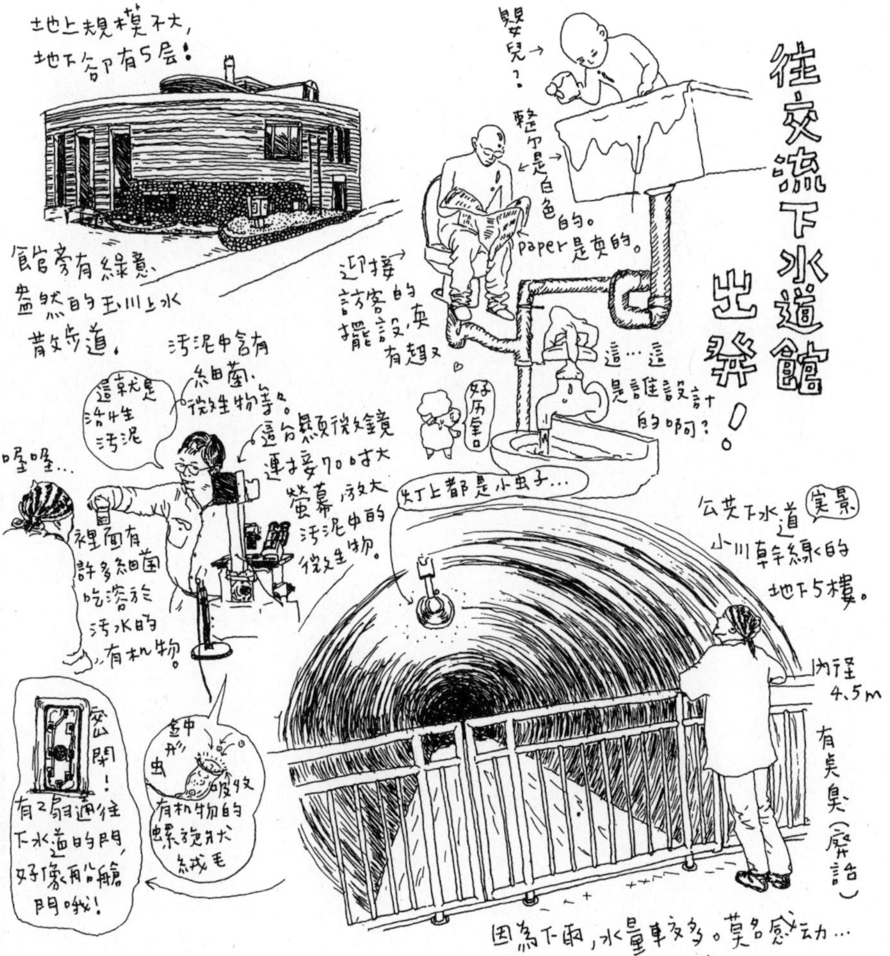

地上規模不大，地下卻有5层！
館旁有綠意盎然的玉川上水散步道。
往交流下水道館出発！
嬰兒？
整個是白色的。
paper是真的。
迎接訪客的擺設真有趣
這…這是誰設計的啊？
好厲害。
污泥中含有細菌、微生物等。
這就是活性污泥
嘿嘿…
這台顯微鏡連接70吋大螢幕放大污泥中的微生物。
裡面有許多細菌吃溶於污水的有机物。
燈上都是小虫子…
公共下水道 實景 小川幹線的地下5樓。
內徑 4.5m
有臭臭(廢話)
密閉！有2扇通往下水道的門，好像船艙門哦！
鐘形虫
吸收有机物的螺旋狀絨毛
因為下雨，水量較多。莫名感动…
雖然沒看到鰻魚。

當我走近時，先是被下水道管驚人的尺寸給震懾住；直徑四・五公尺，寬幅足以容納一部卡車通過。有座橋橫跨水道兩側，參觀者可以從橋上往下看，只是水流的回聲太大，加上流速超過十公里的震撼力使然，我不禁緊握住手上的數位相機，免得它掉入足下湍流。

「今天下雨，所以水量比較多，深度大概在腰部左右。水量少時，大約只有二十公分。」

下水道裡不只有生活排水，還有流進路旁水溝的雨水。最近增加了一些雨水與生活排水的分流式下水道，不過八成以上都是合流式。

雖然聞得到污水味，卻沒有想像中難受，我應該可以忍耐一個鐘頭；也可能因為今天下雨，才沒有那麼臭。

「中午通常不太臭。早上排便的人比較多，會比較臭，污水的顏色也比較濃。」

原來如此。都市地底的下水道反映出都市生活者的習性。

這裡有照明設備，能夠清楚觀察污水的水流狀態，的確沒看到疑似排泄物的東西。依照這個流勢來看，就算當場在上頭排便，大便也會馬上溶解成液狀吧。

「這裡好像一個巨大的沖水馬桶。」

我為自己的發現感動不已。理論上，在這裡排便並不成問題，只是一定會挨罵吧。

「請問，『東京下水道有鱷魚』的都市傳說是真的嗎？」

對於內澤所提出的問題，波多野先生笑著回答說：

「或許是真的。下水道的水溫在冬天也有十七度，養分充足，應該能存活。」

天吶！大都會地底下的巨大下水道裡，可能有鱷魚穿梭於其中，這該讓人覺得恐怖，還是另類的浪漫情懷……？

我望著川流不息的污水，發出深深感慨。

無論是奢華豪宅，還是廉價公寓，從裡面排出的東西都一樣，全都混雜在一起流進下水道。換句話說，不管是美女或是有錢人，每個人排來出的東西都一樣，個人或是社會，最後都是平等的。

我真希望每個人都來看看這座下水道，或許能夠因此創造一個更幸福的社會。

同時我也想知道污水之後的去處。

追蹤報導請見下回分解。

森崎水再生中心

大家對於「水再生中心」這個名字或許有點陌生。

其實就是從前的污水處理廠，自平成十六年（二〇〇四）四月起改名為「水再生中心」。

東京都內二十三區，共有十三座都立水再生中心，七座在多摩地區。

其中的森崎水再生中心不僅在日本首屈一指，論占地及規模也是東洋第一大。

從濱松町搭乘東京單軌電車前往羽田機場的人，一定都見識過。當電車從昭和島出發之後，沿著海岸線寬廣的廠區立即映入眼簾，那就是森崎水再生中心。雖然是特殊設施，不過只要事先申請（週六、週日、國定假日、歲末年初除外），皆可入內參觀。

首先，指導員會為我們解說「水」是如何再生的。

「從前並不需要這樣的設施，一切都交由大自然處理，況且日本人把屎尿作為農田的肥料。隨著人口的慢慢增加與都市化的影響，必須設置下水道與污水處理設施，以免造成環境污染與霍亂等大流行病的發生機率。」

對於討厭理科的我來說，森崎水再生中心的矢崎和夫先生的說明非常的簡單易瞭。

「一九一四年，英國研究出利用微生物處理污水的方法。簡單來說，只要將大量空氣打入污水中，微生物就能分解有機物質，目前仍在使用這種供氧處理。」

聽完矢崎先生的解說，我問了一個問題。我住在沒有下水道的八岳山麓，是利用埋設的合併淨化槽處理污水，兩者之間有什麼不同呢？

「完全一樣。只是合併淨化槽蓋著蓋子，幾乎不會開啟。而這裡為了一直保持在最佳狀態，會重複確認微生物的生長繁殖狀態，也會仔細檢查機器的運作。」

矢崎先生翻開針對小學生製作的手冊，說明水再生的流程。幾乎所有的設施都被覆蓋了，看不見裡面，因此用插圖解釋比較容易理解。

污水經過都內密布的下水道管，匯集到水再生中心的再生流程如下。

①沉砂池＝污水進入中心的第一個池子，除去較大的渣質，同時沉澱砂土。

②第一沉澱池＝緩慢放流污水，沉澱污水裡的易沉澱污物約二～三小時。

③反應槽＝加入含有微生物的污泥（活性污泥），打入空氣並攪拌六～八小時。微生物分解污水裡的污物後，較細微的污物會附著於微生物上，形成較易沉澱的集合體。

④第二沉澱池＝將形成於反應槽的集合體沉澱三～四小時。

⑤氯接觸槽＝用氯消毒水流上層清澈的部分。

依照以上順序，將再生淨水注入於河川、海水中。

大致了解流程之後，我們往實際的運作現場移動。

中心的導覽板上附有英文說明。由於這裡是東洋第一把交椅的關係，據說有不少外國參觀者。

「他們的反應如何呢？」

「最常聽到『不臭』的評語。據說澳洲等國大多是直接開放、不加蓋的。」

跟幅員廣大的國家不同，東京的人口密度極高，水再生中心就坐落在住宅區不遠處，沒辦法不採用包覆性設計。

依照水再生的流程，第一個參觀的是沉砂池。這裡流入大量如烏雲般混濁的污水。森崎水再生中心處理的範圍包括大田區、品川區、目黑區、世田谷區、澀谷區、杉並區等（大田區是全部，其餘則是部分區域），約佔東京二十三區的四分之一，污水量非常驚人。

污水的污穢程度受雨天等氣候影響，也反映出經濟活動的勝衰。景氣大好時，工廠所排放的廢水量大且髒污不已；泡沫經濟消失之後，污穢程度也隨之下降。

接下來，則是利用幫浦將污水移往第一沉澱池。現場有好幾個巨大幫浦，讓人印象深刻。讓這些幫浦運作需要電力，因此整座水再生中心的用電量十分驚人。

「平均一天的用電量是一萬三千瓦，每日電費約莫二百五十萬圓。」

真不愧是位居東洋第一寶座的水再生中心！光是電費就令人瞠目結舌。

接著經過第一沉澱池，來到反應槽。當我看到檢查員騎著摩托車移動時，再次實際感受到它的規模龐大。專門提供場內移動的摩托車的車牌跟一般的不太一樣，只寫著十三號。

參觀反應槽時，我又發現一件不可思議的事。

我原本以為是使用特殊的化學物質或某種藥品讓微生物出現反應，實際上只用了一個簡單的裝置。讓污水底部產生空氣的東西，其實類似魚缸的打氣管，規模當然大多了。

「這個處理方法從大正三年（一九一四）以來一直沒變過。」

原來如此。雖然使用最新的機器設備，方法卻出乎意料地簡單。

第三章 默默付出的背後功臣

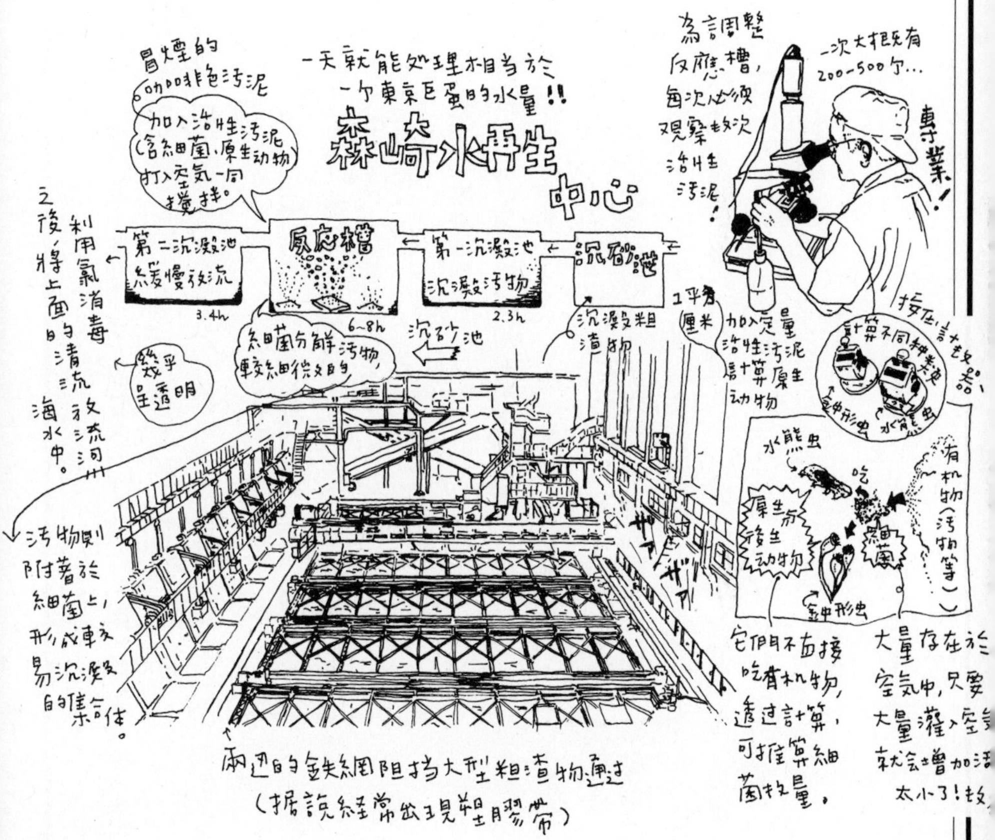

這裡的反應槽並不像個水箱，而是大的像條河，不斷地將空氣送入來自第一沉澱池的污水中，然後緩慢放流約六～八小時，讓微生物分解污物。

水再生中心特別准許我們進入控制所有機器的管制中心，參觀觀察微生物活動與數量的顯微鏡等設備。

巨大的螢幕顯示著機器與幫浦目前的運轉狀態，污水量等數值也不斷變化。工作人員則採二十四小時輪班監控。這裡擁有獨立的發電設備，採用噴氣式發動機提供所有機器的電力。

「曾經啟用過噴氣式發動機嗎？」

「每天都在使用。」

工作人員不加思索地回答。

「如果打雷導致停電，再啟用發電機就太遲了。因為從停電造成機器停止運作，到啟動獨立發電機得花三分鐘的時間。三分鐘太久了，我們無法控制不讓污水繼續流進來。這裡出問題可就慘了。」

當我了解此地是重要的中樞地區時，不免感到緊張。如果發生電影《冰天雪地（White out)》(改編自真保祐一的原著)的情節，說不定占領這裡就能控制東京(之類的……)。

我們在此了解到污水再生的流程，不過尚未結束。接著將前往污泥處理設施的「南部污泥處理廠」。

南部污泥處理廠

連日來，東京熱得好似蒸籠一般。

若在太陽底下待上一個鐘頭，極可能中暑昏倒。然而在被熱氣包圍下的東京，有個地方的溫度硬是高了幾度。

那就是南部污泥處理廠。

它位於東京灣城南島的一隅，占地廣闊，距離羽田機場不到二公里，每隔幾分鐘就會聽到飛機起降的巨大聲響，是眺望飛機起落的最佳地點。

這座污泥處理廠的作業核心，是將來自森崎水再生中心以及芝浦水再生中心的污泥加以濃縮、脫水，並焚燒成灰燼。現場並排著巨大的焚燒設施，焚化爐裡晃動的熱氣火焰讓我聯想到大友克洋的動畫作品《ＡＫＩＲＡ》所描繪的未來場景。

森崎水再生中心的流域人口約有兩百一十萬人，芝浦水再生中心的流域人口約有七十萬人，將近三百萬名東京人的排泄物在此結束漫長的旅程。而處理水再生中心流程中所產生的污泥，便是南部污泥處理廠的主要工作。

南部污泥處理廠跟之前參觀的交流下水道館、森崎水再生中心一樣，只要事先申請，即可入內參觀。一開始先在解說室認識其構造流程，再實地參觀，這點也和其他設施相同。

「請先戴上這個。」

引導我們參觀的增富先生遞給我們工地用的安全帽與粗棉手套。我把安全帽戴上的那剎那，馬上感受到一股「現場」的氣氛，同時也警覺到即將進入危險場所。

南部污泥處理廠處理污泥的過程如下。

首先在重力濃縮槽中，將污泥濃縮至百分之九十七↓利用離心脫水機成為含水率約百分之七十七的脫水塊↓在八百三十度的高溫下焚燒脫水塊。

假設最初的污泥體積為一，那麼脫水塊是二十五分之一，焚燒後的灰燼是四百分之一。

參觀路線乃根據作業流程順序。處理前的污泥是烏漆嘛黑的液體，並非想像中的泥狀。臭味比水再生中心的強烈些，類似挖水溝時所聞到的臭味，雖然挖水溝這檔事現在已不常見。之後還參觀了離心脫水機。不過機器被包覆住了，看不到裡面，唯有聲音與震動證明巨大機器正在運轉中。

接著前往焚化爐，一靠近便讓人汗水直流。焚化爐上設有小窗，透過小窗能看見裡頭晃動的橘色火焰，不禁覺得熱度更往上竄升。

污泥的焚燒灰燼還能成為再生資源。好比與特殊混凝土混合成污泥混凝塊，可當作填海材料；或是變成一種稱作輕污泥的輕量細粒材，把紅土變成粗粒狀的園藝肥料，有點像雞糞。南部污泥處理廠的頂樓花園就是用輕污泥鋪設而成，上面種滿薄荷等香草。

參觀一圈之後，我和內澤便到頂樓的長椅上休息。

我們在這個使用可作為填海材料的污泥灰燼所蓋成的花園裡，眺望羽田機場起降的飛機以及東京灣，眼前這片景色可說是象徵東京的景色。

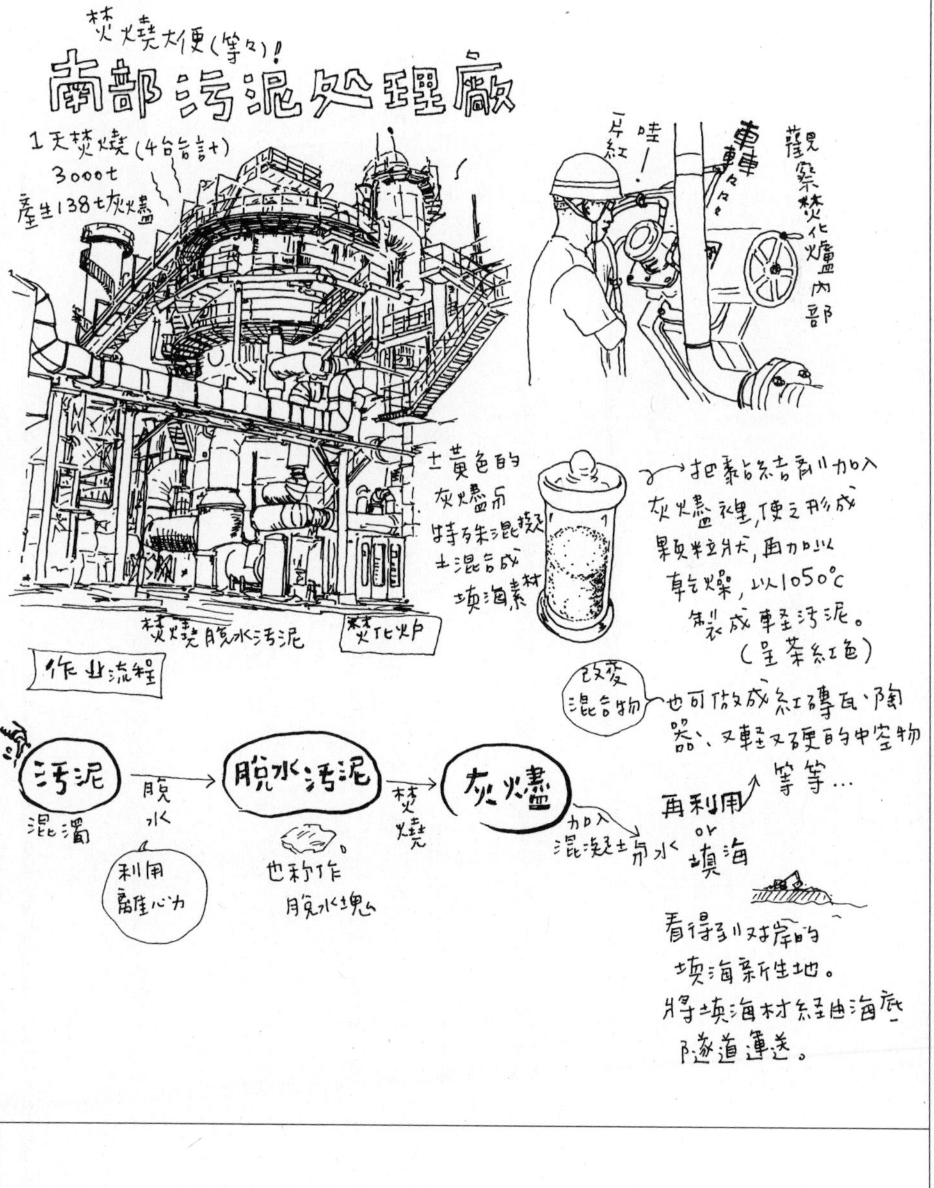
焚燒大便(等々)!
南部污泥處理廠
1天焚燒(4台合計)
3000t
產生138t灰燼
哇!
好紅
轟轟々々
觀察焚化爐內部
土黃色的灰燼和特殊混凝土混合成填海素材
→把黏結劑加入灰燼裡,使之形成顆粒狀,再加以乾燥,以1050°C製成輕污泥。(呈茶紅色)
焚燒脫水污泥
焚化爐
作業流程
改變混合物
也可做成紅磚瓦、陶器、又輕又硬的中空物等等…
污泥
混濁
脫水
利用離心力
脫水污泥
也稱作脫水塊
焚燒
灰燼
加入混凝土和水
再利用
or
填海
看得到對岸的填海新生地。
將填海材經由海底隧道運送。

「覺得有點累……」

或許因為採訪這天正值盛夏，以及南部污泥處理廠是以焚化爐為主的緣故，光是參觀就有一股震撼感而覺得疲倦。

我們暫且在這頂樓吹吹海風，緩和倦意。

採訪交流下水道館、森崎水再生中心，以及南部污泥處理廠之後，感受到隱身於東京的深奧內幕。

如果連結東京二十三區所有的下水道管，全長可達一萬五千四百公里，相當於東京、雪梨的來回距離。為了處理這些下水道管線裡的東西，得靠許多人二十四小時輪班工作；為了保持最佳的運作狀態，必須控制好機器與微生物等因素。這些都讓人不得不佩服，同時懾服於它的巨大規模。

東京的污水系統堪稱世界級水準，這一點毫無疑問。不過，也顯示出這個系統需要每一個人多多少少的自覺性。

雖然一個人的排泄物不算什麼，但集中許多人的排泄物就非常驚人。所謂積少成多，這是我一連串採訪污水相關設施的最大感想。

五光製作所

這是在我還是個小六生的時候的事，已經超過三十五年了。我就讀的小學位在長野縣中部，也是我出生成長的地方。我們的畢業旅行安排到東京觀光，其實我已經不記得觀光的內容了，卻對旅行注意事項裡的一段話印象深刻。上面寫著，「火車廁所只能在八王子之前使用，八王子到新宿之間，請忍著不要上廁所。」

火車廁所一般是直接將排泄物排出車外，若在住宅密集的東京沿線使用廁所的話，自己的排泄物就會噴散到東京街道上。所以，老師交代我們在八王子過站之後千萬得忍住。

這條注意事項對我幼小的心靈衝擊頗大。不光是排泄物噴散於沿線的畫面令人難以想像，無法任意使用火車廁所這一點也深植在我的腦海裡。直到現在，每當我搭乘中央線從住家八岳到東京，在途中使用廁所時，就會想起這段往事。

當然，我知道這種直排式的火車廁所已經是很久以前的事了。

小學的記憶稱不上心靈創傷，不過為了抹去這個強烈的印象，我決定調查一下現在的列車廁所。

於是我來到目黑區的五光製作所，一家專門製作鐵路列車、巴士、船舶等廁所的公司。

廠辦合一的五光製作所的總部位在高級住宅區內，距離東急東橫線都立大學站僅五分鐘的路程。

「過去的鐵路火車廁所的確是直接外排，當年為了舉辦東京奧運才加以改善。約莫六〇年代中期左右，隨著高速公路的興起，巴士大多引進小型循環式廁所。」

營業本部第三營業部課長梅澤良一先生說道。並向我們解說公司簡介手冊上的循環式廁所構造圖。

一如其名，亦即循環沖水馬桶。按壓沖水裝置，含有消毒劑的洗淨水便帶走排泄物；水並不對外排出，而是囤積在馬桶下方的水箱。如果再次按壓沖水裝置，幫浦就會把水箱裡的水抽上來沖洗馬桶。當然不會直接抽取水箱裡的污水，必須經過過濾裝置處理才能再度使用。

內部的刮片裝置可以粉碎水箱裡的排泄物或衛生紙，避免馬桶堵塞。另外，還設有殺菌處理裝置，不必擔心衛生上的問題。然而，它畢竟是一個重複循環的設計，如果頻繁使用的話，水箱裡的洗淨水可能會變髒，也會產生臭味。

於是出現了真空式馬桶。

新幹線或在來線注一的特急列車上、飛機上都看得到它的身影，現在已經沒那麼稀奇了。不過我第一次使用時，被嚇了一大跳。

按壓沖水裝置之後，最初只有少量的水，緊接著發出「咻！」地一聲，排泄物瞬間消失。打個比方，就好像突然出現一隻謎樣般的巨魚，瞬間張開大嘴，一口吃掉水面上的東西，然後消失無蹤。

馬桶構造乃企業機密，所以無法詳細解說（我可能也聽不懂吧）。總之，是利用不同氣壓造成瞬間移動。囤積排泄物的水箱與馬桶之間連接著管線閥，使用者一旦按壓沖水裝置，會讓水

注一　非新幹線的既有鐵路列車。

第三章 默默付出的背後功臣

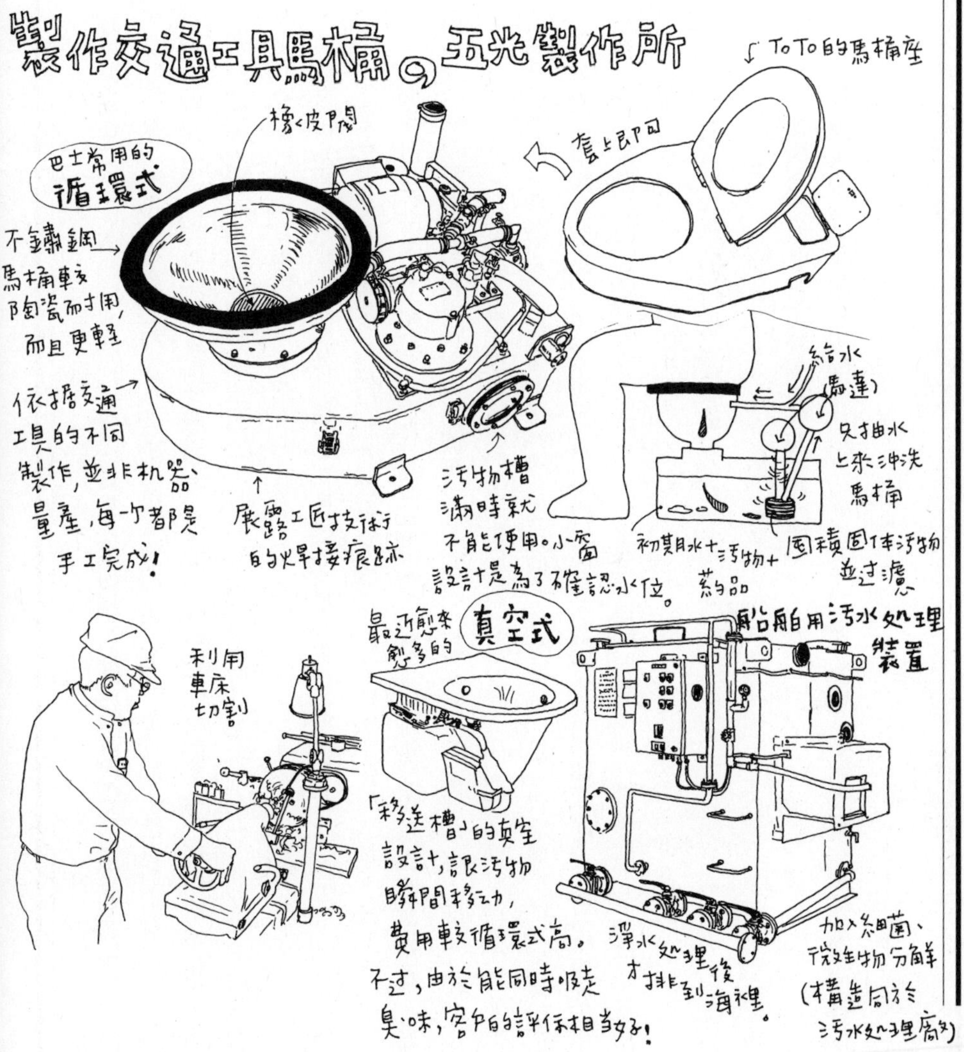
製作交通工具馬桶の五光製作所
↓TOTO的馬桶座
橡皮閥
巴士常用的
循環式
套上即可
不鏽鋼馬桶較陶瓷耐用，而且更輕
依據交通工具的不同製作，並非機器量產，每一個都是手工完成！
展露工匠技術的焊接痕跡
污物槽滿時就不能使用。小窗設計是為了確認水位。
給水(馬達)
只抽水上來沖洗馬桶
初期水＋污物＋藥品
囤積固體污物並過濾
利用車床切割
最近愈來愈多的
真空式
「移送槽」的真空設計，讓污物瞬間移動，費用較循環式高。不過，由於能同時吸走臭味，客戶的評價相當好！
船舶用污水處理裝置
淨水處理後才排到海裡。
加入細菌、微生物分解(構造同於污水處理廠)

箱內減壓，形成真空狀態。此時打開閥，氣壓差異便讓馬桶裡的東西瞬間移動到水箱。

它與循環式馬桶不同的地方在於不用重複使用水，不必在洗淨水裡添加消毒劑；而且吸力強，再大的排泄物都能從馬桶瞬間消失，還能一併吸走馬桶的臭味。使用的水量也很少。一般家庭的沖水馬桶，即使是省水設計，也需要消耗幾公升的水。然而，非沖水式的吸力真空式馬桶，一次五百毫升的水就夠了。

我深深覺得這是一個革命性的馬桶，便接著問梅澤先生說：

「一般家庭也能設置真空馬桶嗎？有沒有交通工具以外的例子呢？」

「設置上並沒有地點的限制。曾經有醫院詢問，因為可以將每間病房的排泄物集中處理，簡單又方便，但最後因為聲音太大而放棄。」

確實「咻！」地瞬間聲音很大。鐵路、巴士處於行進狀態，加上週遭聲音也很大，才不以為意。如果在安靜的室內，肯定會覺得吵。而且價格也不便宜，是一般家庭馬桶的好幾倍。

如果能克服這幾點，它的潛力仍舊很高。因為一般污水管線的配置必須考慮高低的重力關係，而利用強制吸力的真空式馬桶則不必擔心這個問題。所以，豪華大型郵輪經常採用真空式馬桶。

認識真空式馬桶的構造之後，接著前往工廠參觀。

一說到工廠，眼前浮現出工廠輸送帶的作業畫面。基本上，五光製作所是接到訂單後才進行製作，所有的產品皆由專業工匠親手完成。

首先映入眼簾的是船舶用的大型污水處理裝置。郵輪等大型船舶與污水處理廠的運作模式一樣，先把廁所的污水淨化之後，再排到海上。當船舶航行於外海時，其實可以將排泄物直接外排，並不違法。不過，船舶公司基於良心與道德，都會設置污水處理裝置。

接下來是列車與巴士上的馬桶。

兩者的材質都是不鏽鋼，呈現出不同於一般陶瓷馬桶的美感。由於不易顯髒的優點，據說有許多地方自治單位希望在公園設置這種馬桶。

我們在現場看到未加蓋的循環式馬桶與真空式馬桶，後者與水箱非一體成形，似乎比循環式馬桶精巧多了。

我仔細觀察真空式馬桶的內部，發現它的孔徑做得很小。或許是結構上的考量，不過這種大小就不必擔心小朋友把手伸進洞裡，即使不小心按了沖水設置（應該沒有這麼蠢的小孩吧！）也不怕被吸進去。

「這個孔徑比手機還小噢。」

梅澤先生說。萬一手機掉進馬桶裡，也不會被吸走。

相較之下，循環式馬桶的孔徑較大。據說有人不小心把數位相機掉進馬桶裡，結果被沖入水箱。從因為疏忽而遺失物品這一點來看，真空式馬桶優於循環式。不過也不能因此大意。過去曾經發生有名乘客掉了戒指，表示「那是母親的遺物，再怎麼樣都要找回來」，最後只好動員眾人在污物囤積槽裡進行地毯式搜尋。

無論是循環式或者真空式馬桶，在搖晃的車內排泄時，都請多加留意。

第四章

說實在的，這根本是異世界

はっきりって異界です

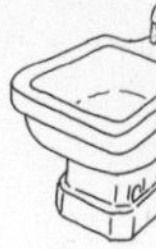

某SM飯店

這家飯店位於閑靜的高級住宅區一隅，沒有閃耀的霓虹燈，只見厚重的砌石外牆協調地融入周圍景色。

前往飯店的一路上，內澤與我很平常地交談著，然而，一來到飯店外圍，我們不自覺壓低了談話的音量竊竊私語著。要是有人撞見這副模樣，不知會怎麼揣測我們的關係？因為若只有我和她兩人還說得過去，引人遐想的是，這次的取材，我們還帶了一位男伴同行。

不知道飯店會不會允許我們三人同行呢？我帶著不安來到櫃臺辦理入住手續，報上我們想入住的房間，櫃臺小姐竟一口答應了，她說，敝飯店的客房是允許三人同住一間房的，但若希望四人同住，則需另外酌收費用。聽到這，我不禁為這家飯店的獨特作風感動不已。

我們向櫃臺訂的是五〇二號室，房間名稱是「拷問綁縛馬桶」，訂房手冊上寫著「The Shame Style『羞恥』(設有綁縛示眾馬桶)」，休息費用是一萬一千一百三十圓，住宿費則是一萬九千五百三十圓。

付完住宿費，我們來到電梯間等待上樓。電梯來了，門一打開，一對正要前往櫃臺退房的情侶走了出來。

先出電梯的是繫著領帶的男子，接著是一身軍裝大衣的女子，她那身包得緊緊的長大衣，在這空間裡尤其顯得豔麗動人，我不禁想像起她的大衣下方是什麼樣的打扮。

走進五〇二號室，關上房門後，我們三人面面相覷，接著不約而同嘆了口氣——終於順利進來了。

「比想像中的乾淨呢！」

我也這麼覺得。原本以為會是個殺氣騰騰、空氣中飄浮著怪味的空間，沒想到眼前卻是非常清潔的客房，我們不禁鬆了口氣。

這裡是位於東京都內某處的SM飯店。

SM取自英文「sadism（施虐）」與「masochism（受虐）」二字的開頭字母，意指透過施予、承受精神上或肉體上的痛苦而得到快感的特殊性行為，好比以繩索綁縛全身、以鞭子鞭打等等，這些在第三者看來可能會覺得是暴力的舉動，卻是SM男女之間一種愛的形式。而提供SM愛好者進行所謂「遊戲（play）」的場所，也針對各種需求下了許多工夫。

當我得到消息說，有一種提供「便溺調教遊戲」設備的SM飯店，遊戲中所使用的廁所相當特別，當下便決定前往實地取材。然而，對SM毫無概念的我與內澤難掩心中不安，於是我們找了任職於某大出版社的年輕編輯S先生同行，三人就這麼進了客房。S先生不愧是在公司內放話說自己乃「SM俱樂部通」的個中高手，一進到客房，他的眼中頓時閃耀著光芒，如魚得水地開始檢視各種道具與設備。

然後他說：「褲子脫掉比較好解釋使用方法，我脫了哦。」旋即當著我和內澤的面，大剌剌地脫下了長褲。看到這一幕，我覺得找這個人來真是找對了。

接下來就是重頭戲了——「綁縛示眾馬桶」。

馬桶的周圍既沒有隔間也沒有門，只有堅固的鐵柵欄圍住馬桶，裡面的人在幹什麼看得一清二楚。此外，這座馬桶不見馬桶座，只看到便器上方三十多公分處有個形似馬桶座的平臺，再上方則是一套附有鐵鍊與皮手銬的綁縛臺。

我由於職業（？）的關係，見識過無數的廁所，但這種馬桶，我還是第一次見到。

不過想想也是。一般的廁所是為了提供使用者便溺用，而這個廁所目的，則是要讓使用者無法如常地便溺、並使其便溺行為公諸人前所建造。

「首先，是這種姿勢。」

Ｓ先生轉身背向我們，踩上便器邊緣一踏，蹲到那個形似馬桶座的平臺上，兩手一撐，當場成了屁股亮在我們眼前的姿勢。

原來如此，採取這個姿勢就能讓肛門曝露在人前。幸好Ｓ先生穿著內褲，要是看到有人裸著下半身這麼做，看的一方心裡一定很不舒服。

「再來是面朝前的姿勢。不好意思，方便幫我銬一下雙手嗎？」

Ｓ先生踩著便器邊緣，雙手舉起擺出大呼萬歲的手勢，讓我們幫他銬住手，接著竟然擺出Ｍ字開腿姿勢。這比起方才的背向姿勢，給人的不舒服感絲毫不遜色。

「Ｓ先生你也玩這種遊戲嗎？」

「不不，我還沒玩到這麼高的層次。和這比起來，我玩的只能算小兒科ＳＭ啦。」

他說，他不曾和女友玩ＳＭ遊戲，只有在想跳脫編輯水深火熱的忙碌工作、讓自己喘口氣時，會跑去特種營業的ＳＭ俱樂部玩玩。

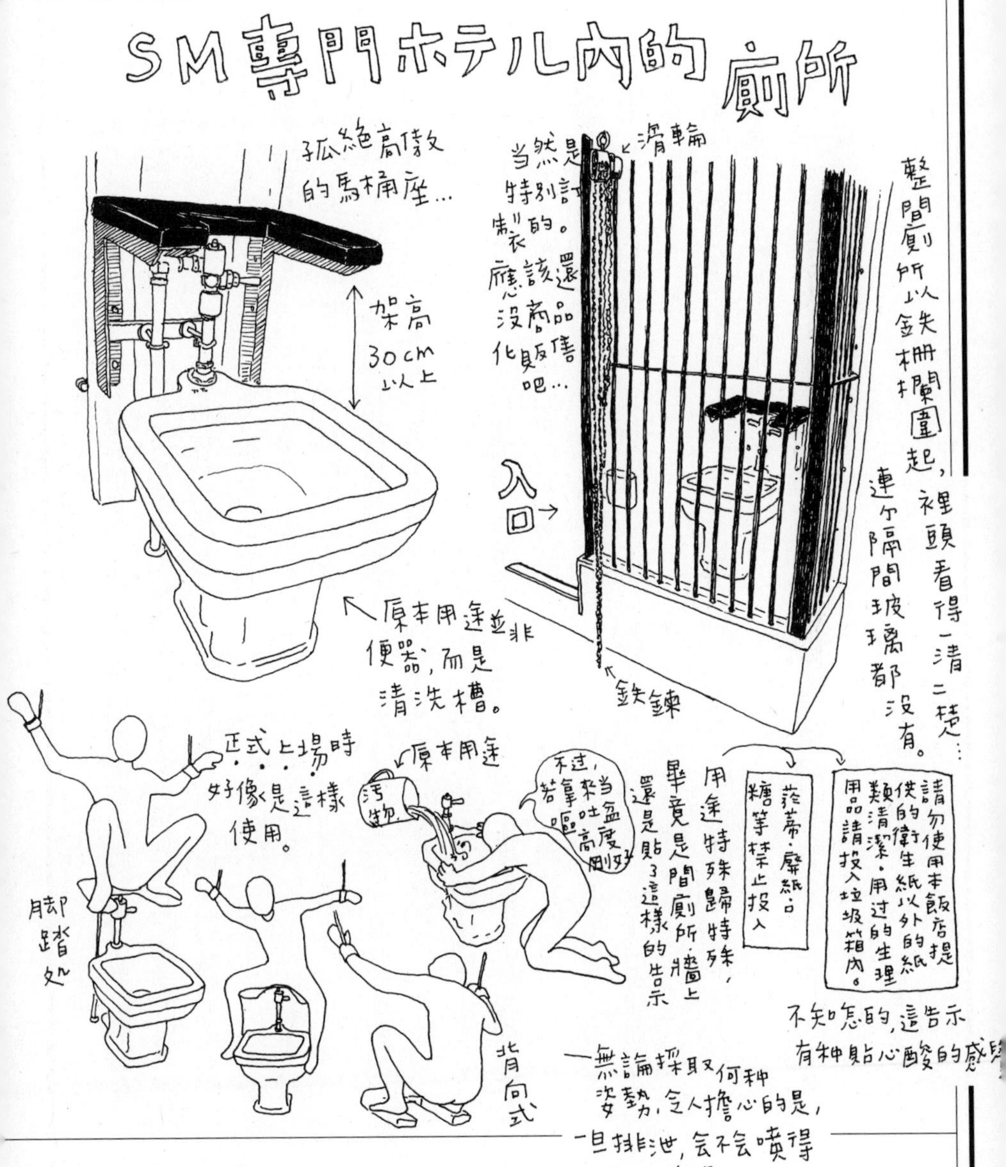
SM專門ホテル內的廁所
孤絶高傲的馬桶座…
架高30cm以上
原本用途並非便器，而是清洗槽。
当然是特別訂製的。
應該還沒商品化販售吧…
←滑輪
整間廁所以鉄柵欄圍起，裡頭看得一清二楚…
連个隔間玻璃都沒有。
入口→
鉄鍊
正式上場時好像是這樣使用。
腳踏處
背向式
原本用途
污物
不過，若拿來当嘔吐盆高度剛好
用途特殊歸特殊，畢竟是間廁所，牆上還是貼了這樣的告示
菸蒂・廢紙・口糖等禁止投入
請勿使用本飯店提供的衛生紙以外的紙類清潔。用过的生理用品請投入垃圾箱內。
不知怎的，這告示有种貼心酸的感
無論採取何种姿勢，令人擔心的是，一旦排泄，会不会噴得到处都是。

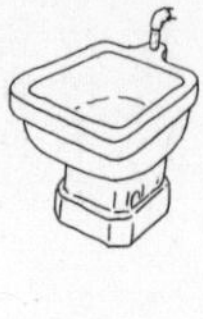

可是，說是說小兒科，多年M男經驗的S先生仍滔滔不絕地為我們解說所謂「便溺調教遊戲」是怎麼回事。據他說，首先M男會被施以浣腸（飯店櫃臺提供針筒式浣腸器的出借），接著將M男銬在便器上（當然，也可能是M女），未經女王陛下同意之前，M男必須死命忍住便意不得排便。

那如果實在忍不下去、大了出來呢？S先生說，這時女王陛下便會怒叱與痛打齊來，對M男而言更是無上的享受。嗯，SM的世界果然非常深奧。

想說難得來這兒，我也開始玩起房裡的各種設備。我躺在床上，請他們將我的手腕與腳踝上銬。當我無法自由起身的那一刻，突然，一股前所未有的奇妙情緒將我包圍。

要是他們兩人扔下一句「拜啦！」就這麼揚長而去，我只能一直以這副模樣躺在床上了。這種任人擺布的心理狀態就是「拘禁遊戲」的樂趣嗎？而且，當內澤手持皮鞭俯視我的那一瞬間，我的背脊不禁竄過一陣惡寒，很想請她對我做點什麼……。難道，我是M傾向的……？

我原本是這麼以為，沒想到我和內澤角色互換之後，當我望向銬在床上呈現大字形的內澤，突然很想小小地整她一下。我覺得，尚未開拓這部分潛力的自己，搞不好兩邊的傾向都具備也說不定……

我們將房內的設備全玩過一遍之後，家住東京的S先生與內澤先行離去，而住鄉下的我由於路途遙遠，今晚便留宿此處。

事先付了一晚將近二萬圓的住宿費，不住一下太可惜了；況且我也很想在獨自一人的時候，嘗試看看這個稀有的廁所。當然一方面是出於好奇、以及想寫下親身體驗報導的心情，但最主要的是，這房裡只有這一百零一座廁所，只要住下來，勢必得用到的。

我首先嘗試上小號，使用起來和平日一樣順利。由於便器開口為邊長四十公分左右的正方形，接收範圍非常廣大；而且便器的高度及膝，剛好適合站著小便。

問題是上大號。我不知道不用於SM時，這座馬桶該如何「正常使用」。它既沒有馬桶座，便器又是超大的正方開口，我不可能直接坐在便器前緣上；何況這東西高度及膝，更不可能蹲在前緣。於是我只得站上便器，兩腳分別踩住左右兩緣；而且為了站上去，內褲不能指只褪到大腿部位，否則腿會張不開。我別無選擇，只好光著下半身站上了便器。

最後我採取的姿勢很像先前S先生所示範的，兩腳踩在便器左右兩緣蹲下，呈現M字開腿姿勢。當我好不容易擺好姿勢，抬頭往前方一看，嚇了好大一跳。

馬桶迎面的牆壁是一整面的大鏡子，而且，一如「綁縛示眾馬桶」字面所示，這座廁所的照明非常明亮，我蹲在便器上裸露下半身呈現M字開腿的模樣，就這麼大模大樣地映入我自己的眼簾。一想到得眼睜睜看著自己上大號……，我頓時難堪了起來。

這晚，我打算早點就寢。躺在床上，我望著鐵柵欄後分方的廁所，突然覺得這兒宛如監獄，尤其是牆上還掛著SM遊戲使用的手銬……

隔天早上，我到櫃臺辦理退房，櫃臺小姐指著飯店手冊上的介紹照片告訴我：「敝飯店每間客房附設的廁所都是不同的哦。」

有的將無擋牆的蹲式馬桶設在房間正中央，也有設置了宛如分娩臺的馬桶；此外，每間客房的名稱都取得非常怵目驚心，像是「痴亂將軍」、「奴隸市場」、「女囚監牢」等，甚至有間叫

做「排泄學園」。

據說打造這些廁所的設計師完全不懂建築，只是單純地提出「弄成這樣如何？」等大膽創意，但他本人對於ＳＭ卻毫無興趣。

我回到住處，寫了封電子郵件向ＴＯＴＯ宣傳部打聽。

因為那間飯店裡的便器製造商，正是ＴＯＴＯ，但想也知道ＴＯＴＯ不可能特地為ＳＭ的綁縛示眾遊戲研發那種馬桶。我在郵件裡附上照片，請教他們那款馬桶正確的使用方法為何，回覆很快便回來了。

「這個並不是便器，而是名為『清洗槽』的商品，提供醫院等機構清洗病患專用便盆或尿壺的，使用者多為護理人員。」

原來如此。這麼說來，我好像在醫院見過長這樣的清洗槽，難怪拿來當馬桶用會這麼不方便了。

當然，在郵件中，我並沒提起我曾想盡辦法用那座馬桶上大號一事……

目黑雅敘園

我之前曾替某情報誌前往目黑雅敘園取材，當時是電影《神隱少女》獲得奧斯卡金像獎長篇動畫電影獎入圍的時候。

由於《神隱少女》極可能奪下大獎，我們想提前採訪據說是場景靈感來源的目黑雅敘園。雖然關於這個傳聞，吉卜力工作室的回應是：「《神隱少女》的舞臺設定並沒有參考特定某個場所。」但根據電影上映時的介紹手冊上，美術監督武重洋二先生曾在訪談中明確談到：「在描繪湯屋時，我們最大的參考來源便是目黑雅敘園。」

今日的目黑雅敘園是知名的婚宴會場，園內仍保留了部分在創園當時人稱「昭和龍宮」的建築，包括沿著「百段階梯」並列的六間和室房，天花板滿是精緻的繪畫與雕刻，這種桃山樣式注一、或說與日光東照宮注二同系列的建築，的確有著如同《神隱少女》湯屋的絢爛、豪華與氣派。

我正為了各和室房的特色與精心設計感動不已時，忽然發現階梯旁的廁所貼了張告示，上頭竟寫著：

「本洗手間僅供參觀，不開放使用。」

換句話說，這是間值得入內參觀的廁所嘍？

於是我拉開那扇門，一看到眼前的景象，不禁大喊：「嗶！這是什麼!?」

注一　特徵為富有奔放的創造力與華麗的裝飾性，多以金色為基調。
注二　日光東照宮，位於日本栃木縣的神社。富麗堂皇的建築群中，保存了許多著名文物，1998年被列為世界文化遺產。

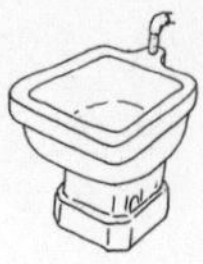

廁所空間約一坪半大，寬廣的鋪木地板上，一座蹲式馬桶突兀地設置其中。——這間房拿來當廁所也太大了吧！待在裡頭，對物體大小的認知也混亂了起來，眼前那座普通尺寸的馬桶總覺得小了些。

而且不止空間寬闊，這間廁所也同其他和室房一樣，整片天花板都飾有華美的繪畫，先前看到《神隱少女》場景所參考的和室房就已經萬分驚豔了，這間廁所帶給我的衝擊更是有過之而無不及。

我幾乎忘了這天來取材的重點是和室房，心思全被廁所吸引走了。嗯，我決定等下次專門蒐集東京廁所資料時，再過來仔細地參觀吧。

於是我先離開了目黑雅敘園。

❖

那之後，過了三年。二月中旬，我與內澤再度造訪目黑雅敘園。

目標當然是那間廁所。

這次由目黑雅敘園宣傳部的柚木啟先生帶我們參觀。我們來到百段階梯前，一股冰涼氣息迎面而來，據說百段階梯這整棟建築目前並未開放使用，因此室溫與戶外的溫度是一樣的。

柚木先生說，每到春假或黃金週時，雅敘園會推出享用下午茶兼參觀百段階梯的套裝行程，至於平日的專人導覽服務則是僅限投宿園內的住客。

我們來到目標廁所前，門一拉開，果不其然，內澤登時叫了出聲：「哇！這是什麼！」一

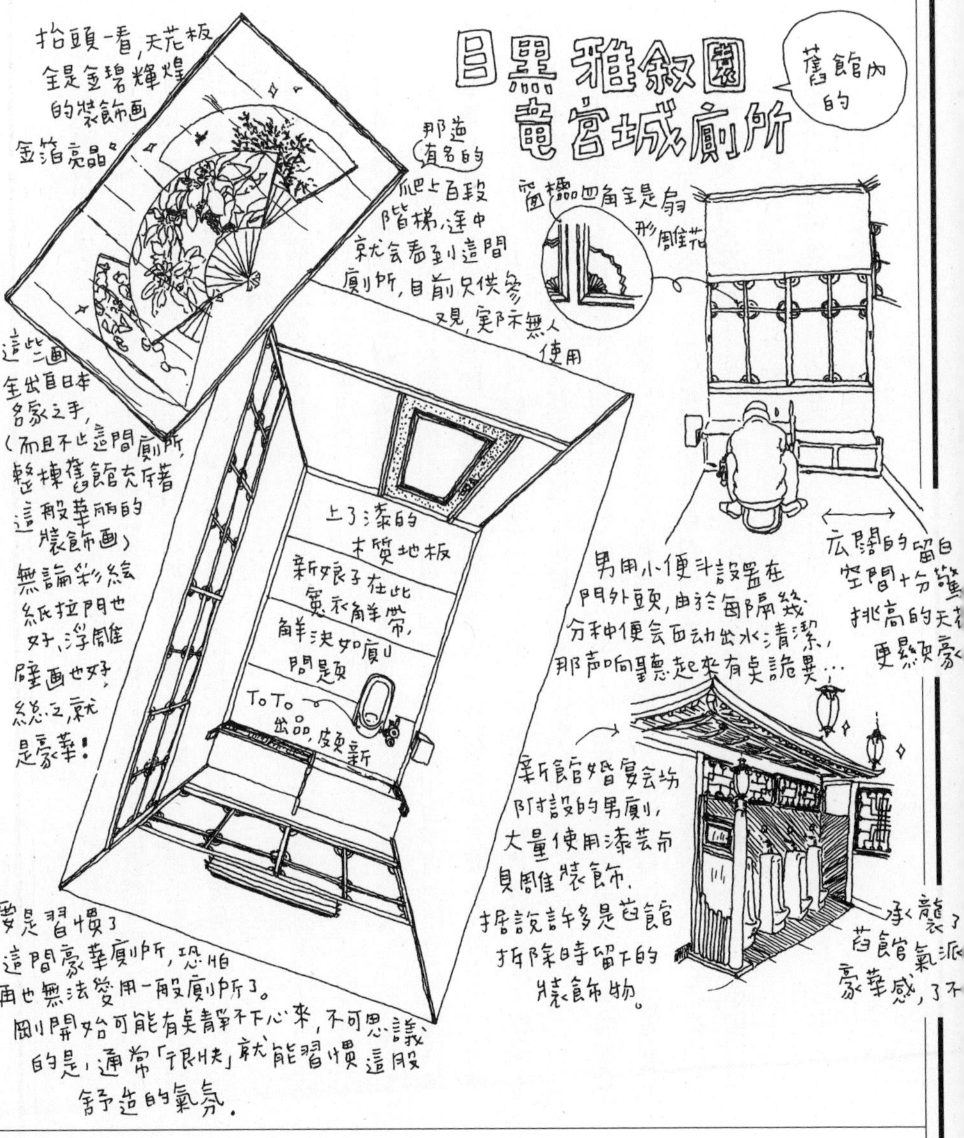
目黑雅敘園
龍宮城廁所
舊館內的
抬頭一看，天花板
全是金碧輝煌
的裝飾画
金箔亮晶
那造
有名的
爬上百段
階梯，途中
就会看到這間
廁所，目前只供參
观，实际無人
使用
窗欞四角全是扇
形雕花
這些画
全出自日本
名家之手，
（而且不止這間廁所，
整棟舊館充斥著
這般華麗的
裝飾画）
無論彩絵
紙拉門也
好，浮雕
壁画也好，
總之就
是豪華！
上了漆的
木質地板
新娘子在此
更衣解帶，
解決如廁
問題
ToTo
出品，皮更新
広闊的留白
空間十分簡
挑高的天花
更顯豪
男用小便斗設置在
門外頭，由於每隔幾
分鐘便会自動出水清潔，
那声响聽起來有点詭異…
新館婚宴会场
附設的男廁，
大量使用漆芸和
貝雕裝飾，
据說許多是舊館
拆除時留下的
裝飾物。
承襲了
舊館氣派
豪華感，了不
要是習慣了
這間豪華廁所，恐怕
再也無法使用一般廁所了。
剛開始可能有点靜不下心來，不可思議
的是，通常「很快」就能習慣這股
舒適的氣氛。

旁的我得意得不得了。

廁所內部不止天花板飾有繪畫，兩側大窗的木質窗框也雕著精巧的裝飾圖案，如此寬闊的廁所內甚至設有置物櫃，非常奢華。自稱亞洲廁所評論家的我至今見過的廁所無數，這間的寬廣度與優雅氣質顯然是當中數一數二的；能與其匹敵的，大概只有印度藩王那座馬桶並立的廁所了。

只不過，印度藩王的廁所唯有上流階級的貴族得以使用，目黑雅敘園的廁所卻是開放給所有庶民大眾，這一點大大地加了分。

話說目黑雅敘園創設之初原本是料亭[注三]，而且客層並非設定在上流階層人士，而是讓一般庶民也能夠攜家帶眷、自在地入內用餐的大眾餐廳。創設人細川力藏先生出身石川縣，來到東京後，先在大眾澡堂當學徒，之後自己經營澡堂與不動產業賺了大錢，便買下目黑川沿岸的一大塊土地，著手建造雅敘園。那時正值全球經濟大恐慌之際，雅敘園的建設工程卻大手筆找來許多工匠等師傅，當時甚至盛傳「去雅敘園問問，肯定有活兒幹！」的說法。

細川先生追求的是大眾化的夢想。或許，他並不是商人，而是個擁有娛樂大眾才華的創意人。他在目黑雅敘園建物內內外外所有豪華的裝飾部分，大量加入了松竹梅、大奧[注四]等等深受大眾喜愛的元素；而且，在同一會場內完成所有婚禮需求的「複合式婚宴廣場」概念，也是由目黑雅敘園率先企畫的。順帶一提，中華料理中不可或缺的轉式圓桌，其發源地並不是中國，這個能讓全桌的賓客都能輕易挾到菜的貼心設計，據說也是細川先生的發明哦。

既然目黑雅敘園的宗旨是成為一座為庶民招來美夢的龍宮，其廁所自然得打造出非比尋

注三　一種價格高昂、地點隱密的餐廳，為日本政要和鉅子聚會商談的場所，提供客人絕對的隱密性。
注四　日本德川幕府將軍的生母、正室、側室和各女官的住處，自第一代將軍德川家康掌權時已存在，1868年江戶開城方被廢止。

常的豪華規格。

或許因為細川先生本身是從經營大眾澡堂開始他的事業版圖，他對於公共澡堂與廁所的要求，尤其執著在該空間是否能讓每位使用者都能安心自在地脫下衣物。柚木先生說明道：「廁所是每個人在參與鬧哄哄的宴會時，依然能夠獨處、稍稍喘口氣的地點，所以我們在設計上，特別重視廁所空間的華美與舒適。」而廁所內部之所以如此寬廣，也是出於為了讓新娘子不必擔心弄髒禮服、能夠安心上廁所的考量。

現下一些婚禮會讓新娘子全程更換多套禮服，新娘上廁所的問題並不難解決；但在傳統婚禮中，新娘直到婚宴結束都得穿著和式禮服，這種時候，對於一身和服的新娘來說，如此寬廣的廁所想必是幫了大忙。還有一點令人驚訝的是，目黑雅敘園早在昭合初期創立當時便全面採用沖水式馬桶了呢。

那麼，這間廁所實際上使用起來感覺如何呢？

我請柚木先生與內澤暫時離開，然後對著蹲式馬桶褪下褲子，蹲了下來。

若是穿著和式禮服或許不會覺得怪，但我一褪下褲子，不知怎的，覺得光溜溜的屁股毫無防備，後方瞬間一股涼意傳來，心裡有些七上八下的。而且，我這麼一蹲下來才發現，廁所門與馬桶相距將近兩公尺之遙，要是外頭有人敲門，蹲在這兒根本無法過去敲門回應對方。

平常要是這麼大的空間，至少會隔成三間獨立的廁所吧，這兒卻非常奢侈地全部保留給一人使用。會不會其實使用者並不覺得自在呢？我不禁想聽聽看用過的人的心得。

「事實上，我們雅敘園在興建新館時，總務部與人事部的同仁有將近三年的時間都是在這

棟百段階梯的事務所裡辦公，當時這間廁所曾經開放給同仁使用哦。」

太有趣了，原來他們公司內部就有不少的使用者。

我問柚木先生，使用過這間廁所的女性員工，使用當時會不會覺得不太自在？柚木先生爽朗地答道：「聽她們說剛開始的確覺得有些怪怪的，但大概用個三天後，大家很快就習慣了。」

整座目黑雅敘園不止這棟百段階梯建築物內有著特殊的廁所，其他廁所也都有其別出心裁的設計，好比大廳的廁所走的是日式庭園風格，聽說曾經有使用者因為待在裡頭太舒適了，過了一個多小時都沒出來，打掃阿姨很擔心，還去敲門確認裡頭是否一切平安呢。

如此豪華的廁所，只要來到目黑雅敘園逛逛，不必付任何費用便能享用。想到這兒，我不禁再次為雅敘園的創設人細川先生「帶給庶民夢想」的理念感動不已；同時深深體會到，只是因為能夠免費使用到豪華廁所便開心不已的自己，果然是個不折不扣的一般庶民啊。

東京清真寺

平成八年（一九九六）起，內澤與我花了十年的時間，周遊亞洲採訪各國關於「便溺」一事的大小風俗，整理出版了拙作《東方見便錄》。

如同飲食文化及生活品味，廁所文化也反映了民族性、氣候風土、生活習慣等等各方面，透過廁所，便能窺見各國鮮活的姿態。即使我們日本人乍看覺得不可思議的廁所，一旦了解了當地的風土民情，再怎麼無奇不有的廁所，都不覺得怪了。我每次出國取材，總是在驚訝之後逐漸理解認同。當中尤其令我深深感受到文化衝擊的，便是伊斯蘭圈的國家。

伊斯蘭教對於便溺行為有著嚴格的規定，虔誠的教徒們全都遵守著教條過日子。令我感動的，並不是他們的戒律有多嚴格，而是信奉著這些戒律度日的人們，其內心是如此地豐饒與充實。那麼，在日本土地上伊斯蘭廁所又是什麼模樣呢？是忠實地追隨母國的習慣？還是「入境隨俗」地配合日本人的廁所文化呢？

為了確認此事，我來到了位於代代木上原的東京清真寺——Tokyo Camii。

一般提到伊斯蘭教做禮拜的場所，我們都說英語的「mosque」，大家可能對於「camii」這個詞比較陌生。

「camii」乃是「清真寺」的土耳其語，換句話說，這座東京清真寺其實是由土耳其共和國宗教廳所興建的伊斯蘭教禮拜寺。

東京清真寺建於昭和十三年（一九三八），當時為日本第二座清真寺，日後由於年久失修，昭和六十一年（一九八六）拆除，平成元年（一九九八）開工重建，歷時十二年，終於完成了現在的東京清真寺。寺院圓柱形的宣禮塔（minaret）相當醒目，讓人老遠就能認出寺院的所在，可說是將日本人心目中的伊斯蘭異國風情具體呈現的美麗建築。

我原本以為一般民眾無法入內，沒想到東京清真寺是對外開放的，每天上午十點至下午六點都可自由參觀。寺內建材以白色大理石為基調，顯得非常潔淨而神聖，很難想像外頭就是車水馬龍的井之頭大道。寺院將世間紛擾完全隔絕在外，內部飄浮著靜謐的美麗空氣。

接待我們的是東京清真寺的代表伊瑪姆・安薩力・伊安德魯柯先生，他以日文及偶爾透過口譯人員的幫助，向我們說明隸屬伊斯蘭圈的土耳其當地的廁所文化。

「伊斯蘭教廁所最重要的是一定要有水源，因為我們在做禮拜前一定要以水淨身。上完廁所後，我們並不是以衛生紙拭淨，而是以水清洗，再以毛巾擦乾。一般民眾自家的廁所裡，都會備有家族每個人專用的毛巾。此外，根據伊斯蘭的教規，男性是不得站立小便的，因為尿會弄髒周圍環境，要是濺到自己身上，自己也因此不潔了，因此伊斯蘭教的男性都是坐著小便的。」

我前往伊朗取材時，發現當地沒有男性專用的小便斗，當時覺得很不可思議，這麼說來，是由於伊斯蘭教的教規明文規定了，因此伊斯蘭教徒即使在日本生活也絕不能站立小便。

第四章
說實在的，
這根本是
異世界

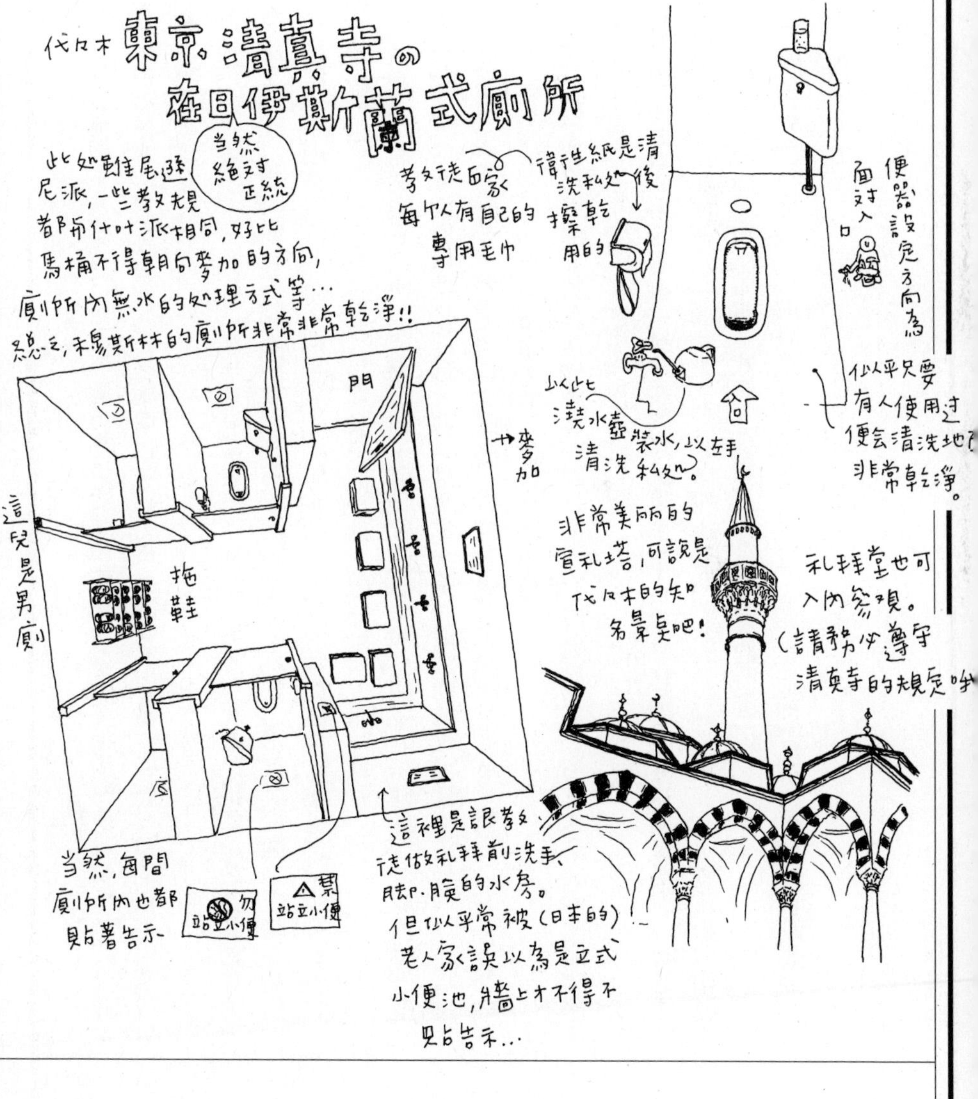

此外，教徒蹲下如廁時，絕對不能將屁股對著伊斯蘭教聖地麥加的喀巴神殿方位，因此伊斯蘭教的廁所裡，馬桶必須設置在與喀巴神殿方向呈直角的方位。當然，這間東京清真寺的馬桶方位也嚴守此一教規。

伊瑪姆先生表示，清真寺的廁所與其說是為了如廁而設置，更像是提供給教徒做禮拜前的淨身水房。在日本，前往寺院或神社參拜的信眾通常除非真的忍不住，否則是盡量不使用寺院內廁所的；而清真寺的廁所則是提供給所有前來參拜的教徒使用，換言之，與日本寺院神社入口處的「手水舍」（參拜前淨身處）具有同樣的意義。

來到廁所一看，與我在伊斯蘭圈的國家取材時得到的第一印象是相同的——乾淨得不得了。大理石材質的地板與牆壁打掃得一塵不染，我不禁為這空間的潔淨深深感動。然而牆上貼了大大寫著「禁止站立小便」的告示，我看了只能苦笑，果然是身在日本啊！

「因為如果沒貼告示，有些日本人會在這兒站著小便。」

的確，由於清真寺開放給外人參觀，一般日本人看到沿著牆的這道排水溝與水龍頭等淨身設備，很可能會誤以為是小便的場所。

接著我來到個人隔間參觀，無擋牆的蹲式馬桶（TOTO出品）嵌入磁磚地面，一旁牆上有水龍頭，地上則擺著清洗用的澆水壺。一轉開水龍頭，水便流經地面流入馬桶排出。由於馬桶邊緣與地面等高，污水能夠全數流入馬桶，維持了地面的清潔。

「其實由於當初委託設置的日本人業者沒搞清楚，這些馬桶的方向是反的。」伊瑪姆先生苦笑著說道。

這句話清楚描述了日本人與土耳其人（伊斯蘭教徒）對於馬桶使用上的文化差異。

雖然故事說起來有點長，請容我說明一下。

如果問日本人，蹲式馬桶的哪一端是前頭？所有人都會回答有擋牆的那端吧。所以一旦看到無擋牆的蹲式馬桶，日本人都會認定有排水口的那端是前頭，後端的小孔也會出水，從後方將便溺物沖入前方排水口，這樣的運作過程對日本人來說是合情合理的。

然而，使用其他亞洲國家的蹲式馬桶時（即非坐式馬桶，必須蹲下使用的馬桶），正確的使用法應該是，有排水口的一端是後方；換言之，使用者應該將肛門對準排水口的正上方蹲下才對。我就常聽到一些前往亞洲旅行的日本背包客談論說，他們在亞洲蹲馬桶時，直覺地將有排水口的一端當作前頭，等到上完廁所後，要沖水時才發現很難沖乾淨（我也有過親身經驗）。

回來看到東京清真寺的廁所。

清真寺院方當初一定是向業者要求將蹲式馬桶面朝廁所入口設置，因為西方人如廁的習慣都是如此。無論坐式或蹲式馬桶，世界上絕大多數的廁所都是讓使用者打開廁所門後，一百八十度回過身，面朝著門如廁。於是，接受委託的業者便將日本製的TOTO無擋牆蹲式馬桶「面朝」廁所門設置好了，同時為了讓伊斯蘭教徒能夠以右手持澆水壺、左手清洗，水龍頭便設置在蹲馬桶時右手可及處。

問題是，土耳其人一進廁所，看到馬桶排水口端靠近門口，只會覺得「馬桶方向反了。」

要是當初負責施工的日本業者事先向清真寺院方確認一下無擋牆蹲式馬桶的哪端是前頭就好

了……

由於使用者是在個人隔間內如廁，我無從得知進去的人是面朝哪邊上廁所，不過據伊斯蘭教徒說，有些廁所附設的澆水壺會放在廁所深處，不一定會擺在順手的右手邊，所以或許他們看到馬桶的排水口靠近廁所門，便以屁股朝門蹲下如廁了吧。

對於雙方的廁所文化都了然於心的我，透過這次參觀清真寺的廁所，有幸窺見在日伊斯蘭教徒的生活樣貌。附帶一提，伊斯蘭教雖然有如廁後必須以水洗淨、以左手清洗私處的規定，據說使用免治馬桶是ＯＫ的。

日光金谷飯店

位於兩國的江戶東京博物館，展示著許多關於江戶時代東京的都市文化與人們的生活樣貌等大型模型。

博物館內部非常廣闊，絲毫不遜於隔壁的兩國國技館。宛如綜合遊樂園的館內完美地重現了江戶時代的街道風情，無論是前來遠足的小學生或是外國觀光客，都能盡興而歸。

最近館內正在舉辦「美麗日本・大正昭和之旅」主題展。

大正至昭和初期，由於交通網絡的發達，加上觀光景點紛紛開發重整，日本國內興起一陣觀光熱潮。大正元年（一九一二），日本交通公社[注五]成立，積極地向外國人招手，吸引了許多海外觀光客前來日本旅行。

「美麗日本・大正昭和之旅」所介紹的，便是如此豐饒時代背景下的觀光熱潮。而我在展示品當中，發現了非常有趣的東西。

那就是，日本現存最古老的度假飯店——日光金谷飯店——的客房廁所。

一般我們聽到廁所，腦中首先浮現的就是馬桶吧。然而這兒所展示的馬桶，與我們想像的樣貌有著天壤之別，幾乎每位前來參觀的民眾，站在這項展示物前，都會不由得訝異地問道：「這真的是馬桶嗎！？」

打開木收納櫃的門，擺在裡頭那個容器，怎麼看都覺得是高級餐具。

注五　Japan Tourist Bureau，略稱JTB。

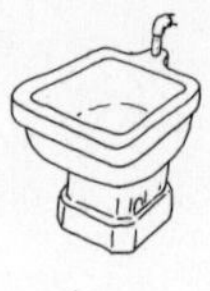

不但上頭印有「KANAYA HOTEL」注六的商標圖樣，品味高級且設計細膩，其外觀之美麗，即使出現在餐廳晚宴桌上也毫不突兀。如果將這款馬桶陳列在古董店的架上，搞不好不知情的客人會以為這是宴會用的大餐盆還是燉鍋而買回家去呢。

據說這是明治末期，日光金谷飯店客房內所使用的馬桶，置於床畔供住宿客人夜裡上廁所用。說明板上寫著，此馬桶乃英國Grimwades出品的琺瑯盆，將盆內盛沙使用。

光看這容器歐風的外觀設計便不難猜出，這款馬桶——也就是便盆——並非日本本土原創，而是從歐洲傳來的。

有此一說：從前歐洲都市的住宅區裡沒有廁所，家家戶戶都是使用便盆。由於民眾衛生觀念不佳，便盆裡的便溺物都隨手倒在路邊，使得整座都市內污穢不堪，空氣中飄著腐臭味。骯髒至極的環境中，終於爆發了霍亂與鼠疫。為了控制疫情，政府當局才因此加速了歐洲下水道的開發建設。

這組日光金谷飯店便盆的說明板上並沒有記載具體的使用方法，也沒解釋投宿客人實際上是如何使用的。於是我依據當時的時代背景，自己開心地想像了起來。

說到日光金谷飯店，得從地方名紳金谷善一郎先生談起。明治四年（一八七一），金谷先生將「黑本式羅馬字拼寫法」的創始人——美國人黑本博士（James Curtis Hepburn，1815–1911）接回家住，飯店的歷史自此揭開序幕。

當時正值日本開國之初，大多數的日本旅館對於外國人都採取敬而遠之的態度。金谷先生出於日本武士的俠義心，看到異國人士為了住宿問題所困擾，無法棄之不顧。於是

注六　即「金谷飯店」的英文。

日光金谷ホテルの
夜間室內トイレ
〈取材自江戶東京博物館特展〉
「美麗日本・大正昭和之旅」
飯店的每間客房都有一組！
洗手盆
英國Grimwades的琺瑯製品
水罐
上面印有
金谷Hotel的mark!!
設計源自英國騎士最高榮譽嘉德勳章。
慕尼黑夜用便盆博物館也展示了同款便盆（but附蓋子的非常少見）
這個像燉鍋的物品，其實是便盆，裡面裝沙。
不使用時通常收納在木柜裡，應該是傳來日本才有的習慣吧？搞不好在發源地是將便盆直接擺在床邊地上。
收納柜似乎是杉木。中国的木夜壺也是杉木做的，因為能吸收阿摩尼亞味？
客房的文具盒
筆桿
朱漆金粉蒔絵
和風外觀用途卻是西式
（明治村博物館內的收藏照片）
金谷飯店全景（明治26年開業）
成立當時是西式飯店。

從留宿黑本博士開始，兩年後，金谷先生創設了專門提供給外國人的民宿；明治二十六年（一八九三），純西洋風格的金谷飯店成立於現址。由於原本客層便是鎖定外國旅客，全飯店的客房內配置的廁所都是西式的。

日光金谷飯店於明治四十一年（一九〇八）建了專用發電所，飯店內部開始獨立供電，室內想必也裝設了電燈。然而夜裡發電機是停止運作的，當年飯店的走廊應該還沒有設置所謂的緊急照明，黑漆漆的三更半夜，尤其是寒冷的冬夜裡，總不好讓住宿客人穿過黑漆漆的走廊前往廁所。於是金谷飯店本著服務精神，為每間客房都配置了便盆。此外，按照常理，半夜起床如廁通常是上小號，所以我合理推測這組便盆應該是小便專用的夜壺。

說明板上寫著「將盆內盛沙使用」，換句話說是為了小便時，尿不會四下亂噴而設。在我的推測，男性使用這個便盆時恐怕並非站著小便，而是蹲下對準盆內排尿吧。因為要是站著解決，目標太小有可能對不準，再者盆裡的沙也很可能由於尿柱的力道而濺出盆外。

一旁參觀的婆婆嘟囔著：「在盆裡裝沙子啊？好像貓呢。」是啊，的確和貓使用貓沙是同樣道理。天一亮，飯店客房服務人員是否會前往各房回收便盆呢？不知道有多少比例的住宿客人會使用？身為小市民的我還滿抗拒往這麼美麗的容器裡小便的，而且想到會由飯店客房服務人員處理凝結成沙塊的尿，我就渾身不對勁。不過，當年投宿於日光金谷飯店的上流社會人們，或許能夠毫無抗拒地自在使用也說不定。

據資料所述，愛因斯坦與海倫凱勒都曾投宿日光金谷飯店。我想偉人一定都能夠大大方方地使用便盆吧。

嗯，扯遠了。身為日本度假飯店的先驅者、在歷史上有著經典地位的日光金谷飯店，繼創立者金谷善一郎之後，接掌的是長男真一以及次男正造（之後入贅繼承箱根富士屋飯店）這對金谷兄弟檔，更是將穩健經營的金谷飯店領向另一事業高峰。

金谷兄弟於昭和四年（一九二九），以日本飯店協會幹部身分前往北美出差。此次特展中展示了兩兄弟在加拿大試乘狗雪橇、在美國大峽谷與夏威夷等地視察的照片，照片上的兩人宛如雙胞胎，無論面貌、鬍子、髮形，都是一個模子印出來的；相較於同行視察的其他日本人緊繃的神情，金谷兄弟只是一派輕鬆地對著鏡頭露出開朗的笑容。

從照片便看得出兩人的教養良好，想必他們與美國人相處也如魚得水吧。看完特展後，我回去查了一下資料，發現果不其然。

金谷兄弟精通英語，而且兩人都有前往世界各地旅行的經驗。尤其是次男正造先生，十七歲渡美，曾在大宅中擔任家僕，還曾經在英國表演柔道賺錢，歷經了四年的海外磨練，可說是日本背包客的先驅。

或許當年，從英國回日本的背包客正造先生，向身為金谷飯店經營者的父親或哥哥建言：「英國有一種既便利又美觀的便盆，我們飯店也引進如何？」

我向日光金谷飯店詢問的結果，客房引進便盆的時期約是明治末期，以正造先生誕生於明治十五年（一八八二）推算，明治末期正是正造先生歸國的時候。

搞不好，我的這番臆測與事實相去不遠呢。

酒吧餐廳Sam's

Sam先生的店「Sam's」位於青山大道上。

在地下鐵表參道站與外苑前兩者的正中間一帶，緊鄰一間美東傳統風格服飾店的地下室，便是Sam's的入口。

一邊瀏覽著牆上畫了貓的簽名版，我走下階梯，香水百合的香氣挑逗著我的鼻腔，那甜甜的香氣牽引我來到階梯深處。一推開厚重的木門，前方聳立的是擺滿成排LP的唱片櫃，微暗的店內飄著一股神祕的氛圍，即使打開大門，仍無法窺見店內全貌。走在蜿蜒的入店走道上，不難察覺這間店應該是要熟人介紹才進得來的，但據Sam先生說：「最近有時會有年輕女孩子大剌剌地直接闖進來，明明不是熟客，還一副理所當然的模樣，我真是大開眼界了。」

踏入店內，首先映入眼簾的是LP唱片櫃、牆上的古董掛鐘、別具風情的貓咪黑白照片以及散放四處的貓擺飾，溫和的間接照明營造出舒適的放鬆空間，有那麼一瞬間，我幾乎忘了這兒是東京的一處地下室。

有種在異國旅行的感覺。雖然印象因人而異，這兒與我記憶中在哥本哈根或斯德哥爾摩舊市街偶然闖進去的老式酒吧有著類似的氛圍。

我第一次造訪Sam's是四年前，那時我認識二十多年的編輯說要帶我見識一間很棒的店，便介紹我來這兒。我一坐下就點了啤酒，當時Sam先生還沉著臉說：「日本人啊，上酒吧總是先點啤酒。」然而他的語氣並不會令人感到不快，反而是從這樣的小摩擦開始，自己不知不覺地被Sam先生獨特的步調吸引。解決啤酒之後，我喝著以色列、阿根廷等口味豐潤的平價紅酒，大啖超級美味料理，聽著Sam先生迷人的話語，我甚至忘了時間的流逝。後來我只要有機會，就會找那位編輯一起上Sam's坐坐。

Sam先生的本業是爵士歌手，也是詞曲創作人。Sam's網站上發表的個人介紹上寫著「學過古典鋼琴，由於嚮往JAZZ－VOCAL，開始在飯店、沙發吧等地駐唱表演」，他曾與國外音樂人合作發行數張原創專輯，目前定期在東京舉辦現場演唱，也時常前往海外表演。

Sam先生年齡不詳，有時會為了嚇嚇客人，突然冒出一句「我已經七十歲了呀……」，但他確實的年齡始終成謎。我總覺得，Sam先生是超越性別與年齡的人種，也因此他面對任何人都能夠直率地說出內心話。至於他本人的說法則是：「我是O型的，所以臉上藏不住喜怒哀樂，個性也是一根腸子通到底。」我就見過好幾次他對著女性常客直言不諱道：「妳最近是不是胖了不少？」但他的話中並沒有惡意，他的意思是，變胖＝有錢有閒，也就等於某種意義上的「功成名就」，這正是「Sam式」的誇讚呢。

言歸正傳。如此充滿魅力的Sam先生，他店裡的廁所當然也是個性十足。

這天我與內澤來到Sam's採訪，又遇上初次來店的女客詢問Sam先生化妝室在哪裡。Sam's的廁所入口並沒有清楚文字標示，但是廁所門上的確掛有高雅且易於辨識的記號。

那是兩枚木雕盤飾，一枚是溫和的老爺爺微笑著的臉龐，另一枚則是與其成對的老婆婆笑臉，盤飾下方還掛了一對可愛的少年少女上廁所的金色掛飾。

這對木雕盤飾是Sam先生在巴黎的巴士底跳蚤市集購得的，是他非常中意的擺飾；黃銅掛飾則是在波蘭華沙買的。我握住來自巴黎的美麗陶製門把，一開廁所門，眼前開展的又是個與店內完全不同氛圍的空間。

AQUA——整個內部以「水世界」為裝潢主題，灰泥牆與地面全漆上了群青色。原本Sam先生挑馬桶時也想挑青色的，不過蹲式馬桶的色系並不像坐式馬桶那麼多彩，最後他選了淡淡的水藍色蹲式馬桶（據Sam先生說，許多女性在公共場所如廁時，很不希望直接接觸到馬桶座，所以他選了蹲式的）。

廁所門裡側掛著自古董梳妝檯拆下的大面鏡子，馬桶前方則釘有在美國聖塔巴巴拉購入附鏡子的衣帽掛鉤組，洗手臺前方當然也設置了一面大鏡子，使得整個空間顯得較實際寬敞許多。

Sam先生店內的花藝布置也都不假手他人，漂流木與花卉的擺飾都看得出其獨特的感性，尤其令我感動的就是加裝了洗手臺的化妝檯。Sam先生將這座古董化妝檯的檯面挖出圓洞，嵌入琺瑯洗手盆；而且據說他無論如何都想將化妝檯設在這個位置，還因此打掉原本的牆面重砌以空出空間。

通常都是量好廁所空間後，尋找適合尺寸的設備，Sam先生卻是大刀闊斧改建空間來配合他中意的設備，其用心與堅持，可見一斑（聽說當時負責施工的師傅頗多微詞，這也難怪了）。

「本來我還想在這裡放一張椅子，讓女客能夠舒適地坐著照鏡子補妝呢。」

聽到這話，我不禁大感佩服。我在腦海中想像著——

一位女客，與男客結伴或是男女一群人前來。首次來到Sam's的她與異性愉快地聊著天，

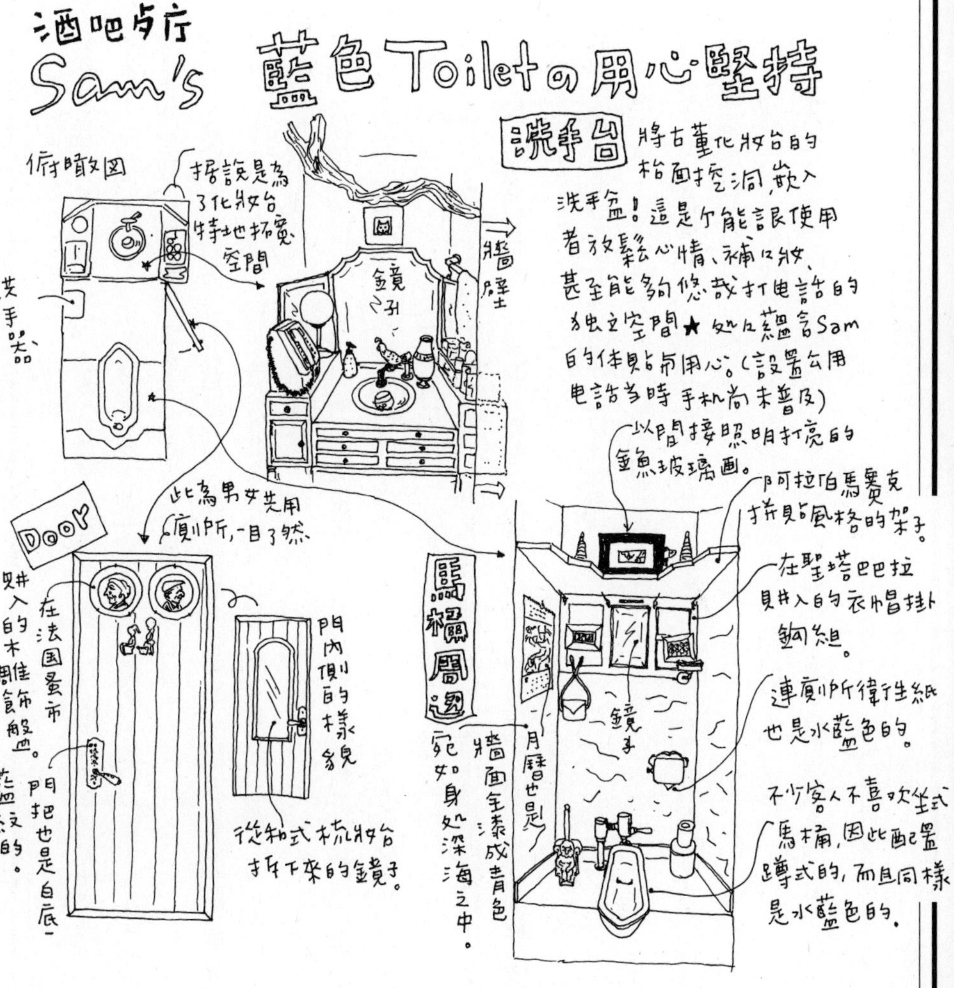
酒吧餐厅
Sam's 藍色Toiletの用心堅持
俯瞰図
據說是為了化妝台特地拓寬空間
烘手器
鏡子
牆壁
洗手台
將古董化妝台的枱面挖洞，嵌入洗手盆！這是个能讓使用者放鬆心情、補口妝、甚至能夠悠哉打电話的独立空間★ 処処蘊含Sam的体貼与用心。（設置公用电話当時手机尚未普及）
以間接照明打亮的金魚玻璃画。
阿拉伯馬賽克拼貼風格的架子。
在聖塔巴巴拉買入的衣帽掛鉤組。
連廁所衛生紙也是水藍色的。
不少客人不喜欢坐式馬桶，因此配置蹲式的，而且同樣是水藍色的。
馬桶周邊
牆面全漆成青色
宛如身処深海之中。
月曆也是
鏡子
此為男女共用廁所，一目了然
Door
在法国蚤市購入的木雕飾般皿。
門把也是白底藍紋的。
門內側的樣貌
從和式梳妝台拆下來的鏡子。

沉醉於Sam先生打造的世界裡，然後，她踏入化妝室。獨處的時間，她對著鏡子補妝，一邊對自己打氣道：「沒問題的！今天的我很美麗！」最後她帶著更勝於前的自信與美貌步出化妝室。雖然只是我的想像，但我覺得，Sam's的廁所正蘊藏了這分訊息與心意。

此外，化妝檯上還裝設了公共電話，這一點對於至今仍沒有手機的我來說，倍感貼心。

Sam先生也沒有手機，所以這具公共電話依舊在第一線服務著。但聽說近年由於手機的普及，這具電話的存在曾引起一些小困擾。

好比，若有客人以這具公共電話撥打手機出去，對方沒接到，之後對方直接回撥這個號碼，廁所裡當場電話鈴聲大作。想想要是上廁所上到一半，背後的公共電話突然鈴聲大作，一定相當嚇人吧。

我們參觀過一輪後，內澤問Sam先生：「不好意思，請問您家裡的廁所是什麼模樣呢？」

「我家裡是坐式馬桶，廁所裡有一整面牆的書。因為我沒什麼空，書、早報和晚報都是在廁所裡解決的。」

Sam先生自家的廁所設計想必也有著許多堅持吧。

他繼續說道：「其實我有習慣性便祕，從幼稚園就這樣了。」

便祕啊……，原來如此，難怪Sam's的廁所設計如此用心，Sam先生一定是很想讓客人在廁所裡感受到無比的舒適與放鬆吧。

附帶一提，Sam's曾在某網站的人氣酒吧票選中，漂亮地取下全東京第一名。

而見識過無數廁所的我也願意掛保證，Sam's的廁所絕對不負東京第一的美名！

第五章

迎向未來

未来へ

國際福祉機器展

不才如我，從事文字工作也好一段時間了，幾次有人問我：「你大學應該是文學系的吧？」其實，我的本科系與文學根本八竿子打不著，雖然同屬文學院，我念的是社會福祉學系。大學時代學到的知識，出了社會完全沒用上，再加上我從前常蹺課，念了六年的大學，即使一畢業便具有「社會福祉指導員」的資格，要問我那是什麼樣的資格，我也說不出個所以然。

不過，畢竟多愁善感二十歲出頭的六年之間持續受到社會福祉教育的薰陶，直到現在，我對於社會福祉相關話題仍有著一定程度的關心。

因此當我在報上看到「國際福祉機器展」的全版廣告，很自然便想去看看。我的目標當然是廁所。我想以社會福祉指導員兼亞洲廁所評論家的立場，了解一下目前針對高齡人士或輪椅使用者所研發出的最新型廁所。

這次的「國際福祉機器展」為第三十一屆。由於近年來，社會對於高齡化與福祉的關心度愈來愈高，這個展覽的規模也年年擴大。第一屆只有大約七十間國內企業參展，而這次光日本企業就有五百六十八間，另有來自十四個國家、七十七間的海外企業與會，即使為期三天的展覽均是非假日，來場參觀人數總計超過了十三萬人。

來到東京Big Sight國際展示會場，我原本以為前來參觀的大多是高齡人士或是在福祉機構工作的人，沒想到在現場看到了許多年輕人，似乎是一些社會福祉科系的專門學校學生或高中生組團前來校外教學的。

五百六十八間企業齊聚一堂，果然相當可觀，但我更為東京Big Sight的容納力之大感動不已。長期居住在鄉下的我，再次感佩於東京這個城市的無限潛力。

我首先來到日本衛浴設備生產兩大龍頭——ＩＮＡＸ與ＴＯＴＯ的攤位。

關於這兩家大廠，有個有趣的軼事。

據說當初是由一對兄弟共同創業，分家後成了現在的經營形態。所以若將兩家公司名稱連起來逆著讀，就成了：「ＯＴＯＴ（Ｏ）×ＡＮＩ」注一，即「弟對兄」的意思……（完全是子虛烏有的胡扯，請別當真。）

回來看ＩＮＡＸ與ＴＯＴＯ的展示攤位。不愧是大企業，雙方都展出了最新研發的廁所空間與馬桶。

這些新型廁所最大的賣點，就是協助使用者如廁時能夠更方便坐下與起身的功能，好比延伸至牆面或地面的輔助扶手，都是必備的；另外還有加高馬桶座面高度，或是附有電動升降功能的設計。我現場坐上去體驗了一下，的確非常舒適；一按下開關，馬桶座便微微傾斜升起，使用者不必遷就馬桶座的固定高度坐低身子，也能穩當地坐上去；而要起身時只需按一下按鈕，馬桶座也會從臀部推使用者一把，協助站起身。

上述這些新功能都不難想像，最令我大開眼界的，是ＩＮＡＸ所展示的附清洗蓮蓬頭的馬桶。

乍看之下，我以為這個蓮蓬頭是沖洗屁屁用的。由於我與內澤周遊亞洲諸國取材時，見

注一　「弟弟」的日語羅馬拼音為OTOTO；「哥哥」為ANI。

多了以水洗淨屁屁而非以紙拭淨的廁所文化，有些國家的廁所內甚至會固定擺放撒水壺或水桶，所以我直覺這就是洗屁屁用的，沒想到並不是。

這個裝置其實是拿來清洗使用過的可攜式馬桶的。

想想也對，使用過後盛著糞便的可攜式馬桶，要在哪裡清洗才好呢？洗臉臺顯然不適當，應該也不是很想拿進浴室裡洗吧，怎麼想都覺得在廁所裡處理掉是最恰當的，因此這個裝置可說是為了看護人員所開發出來的產品。

另外，許多廠商都生產了可攜式馬桶，而當中對於看護領域幫助最大的，應該就屬成人用便盆了。

INAX、TOTO或是松下電工（即今日的Panasonic）等廠商都鑽研設計了許多舒適好用的廁所，然而改建一間廁所費不貲，相較之下，放在床邊的可攜式馬桶就省事多了，既不必施工，買回家立刻可用，大小便也不需走去廁所。雖然使用這些成人用便盆時通常需要看護人員的協助，將來的市場需求應該只會愈來愈大。

參觀著各式各樣的可攜式馬桶，我看到了一個滿特別的展示品。

那是如廁時的輔助扶手，左右兩臂可拉出至前方圍住坐在馬桶上的使用者。一般的輔助扶手只設置於兩側，這款產品卻連前方的輔助支撐都考慮到了。

我原本以為這只是為了防止高齡使用者往前傾倒的措施，沒想到其功用不止如此。研發這項產品的廠商叫「安壽」，我請教了他們才知道：

「這是輔助使用者排泄更順暢的措施。相較於我們一般坐在馬桶上的坐姿，像這樣將身子

第五章 迎向未來

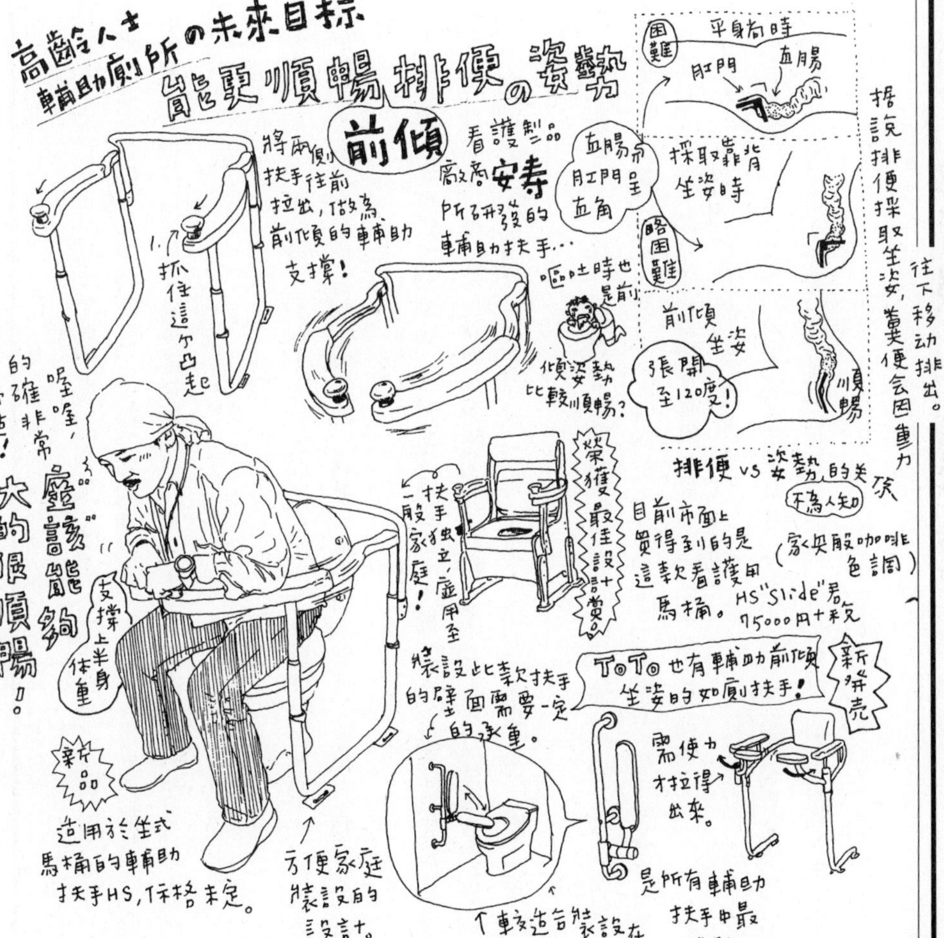

高齡人士輔助廁所の未來目標
能更順暢排便の姿勢
前傾
將兩側扶手往前拉出，做為前傾的輔助支撐！
抓住這個凸起
看護製品廠商安寿所研發的輔助扶手…
平身前時
困難
肛門
直腸
直腸和肛門呈直角
採取靠背坐姿時
略困難
前傾坐姿
張開至120度！
順暢
據說排便採取坐姿，糞便會因重力往下移動排出。
嘔吐時也是前傾姿勢比較順暢？
喔喔，的確非常舒適！
應該能夠很大的很順暢！
支撐上半身体重
扶手獨立，並用至一般家庭！
榮獲最佳設計獎。
排便vs姿勢的关係
不為人知
目前市面上買得到的是這款看護用馬桶。
HS"slide"君 75000円+稅
(象奶般咖啡色調)
裝設此款扶手的壁面需要一定的強度。
TOTO也有輔助前傾坐姿的如廁扶手！
新發売
需使力才拉得出來。
是所有輔助扶手中最時髦的。
↑較適合裝設在福祉設施內。
方便家庭裝設的設計。
新品
適用於坐式馬桶的輔助扶手HS，價格未定。
http://www3.aronkasei.co.jp/anjyu

稍微往前傾的姿勢，能夠拉開直腸與肛門的角度，更易於排便。」

廠商讓我看說明手冊上的圖解，淺顯易懂的插圖說明了若以平常坐姿如廁，直腸與肛門呈現的是直角，而採取前傾姿勢時則是張開至一百二十度，如此一來糞便更容易通過直腸進入肛門。

「原來如此啊……」

我也想起來了，使用蹲式馬桶上大號的確比使用坐式馬桶要來得順暢，有種能夠一口氣大出來的感覺。我以為是因為採取蹲姿時，腹部較易使力的關係，原來直腸與肛門的角度也是原因之一。

雖然不可能現場實際體驗如廁，我請廠商讓我坐上馬桶，幫我把輔助扶手拉到前方圍好，試著靠上扶手讓身子前傾。嗯，採取這種姿勢果然輕鬆多了，感覺應該能夠大得很順暢。

內澤的感想則是：「這樣就算帶著宿醉如廁，也不必擔心坐不穩了。一邊上廁所一邊看書也很輕鬆呢。」

我也是如廁時看書一族，通常都是以手肘拄著大腿、雙手捧著書看。若使用這款扶手，就能夠倚著前方的輔助扶手看書了，非常輕鬆。我又巡了一遍會場，想看看有沒有類似的產品，發現ＴＯＴＯ與矢崎化工也推出了加裝於廁所壁面的下掀式輔助扶手。

但我想大大地推薦「安壽」的這款產品。

比起其他廠商，安壽這款設計簡潔且價格實惠，裝設也非常簡單，幾乎能隨買隨用。

再者，雖然這款扶手原先是為了高齡人士所研發，成果卻讓一般的健康民眾也能擁有舒暢的排泄體驗＝適合所有人的輔助如廁設備，可說是全人類通用的設計！關於這一點，我給予非常高的評價。雖然目前還在展示階段，相信將來的定價應該不會太離譜。

我家是自己蓋的木屋，我在想，不如也來廁所壁面自製一個下掀式輔助扶手好了。這樣不但能幫助排便，還能擁有愉快的如廁時間，又朝無障礙生活空間踏進了一步。

多令人感動！這不正是先進福祉社會的最終理想嗎？——身為社會福祉導員的我如是想。

松下電工

男性坐著小便——也就是所謂「採坐姿小解」的男性有愈來愈多的趨勢，與五年前相較，人數增加了將近兩倍，據說目前日本全國有近三成的男性都是坐著小便的。

雖然不是趕流行，我家前陣子也頒布了男生不准站立小便的禁令。由於鋪在馬桶周圍的地墊常有臭味，木造牆壁也容易滋生黴菌，老婆大人於是立下了新規定。

我家的成員除了我與老婆，還有讀中學的長男與讀小學的次男，我不敢說自己百分之百清白，但我想主要的兇嫌應該是我那兩個兒子，而禍首就是每天早上起床的第一泡尿。二兒子由於還沒割包皮，儲存了一整夜的尿總是如噴水般尿出來；至於大兒子，由於正值青春期，（我想）一早的陰莖以朝上的狀態居多，要瞄準坐式馬桶那不算大的便器內尿尿，也是有一定的困難度。

於是為了以身作則，第一個被要求坐著小便的就是身為父親的我。雖然一開始有些排斥，習慣之後，我倒覺得坐著尿尿也不賴。一方面是一早起床還昏昏沉沉的，坐著如廁比站著輕鬆，脫下褲子尿尿也感覺尿得比較乾淨。平常站著小便時，褲子並不會褪至腰部以下，手握著陰莖也多少對尿道造成壓迫；反觀坐著小便並不會對陰莖有任何壓迫，有種膀胱內的尿液都能徹底排出的暢快感。

就我的觀察，近年來一般住家很少在馬桶以外增設小便斗，可見今後勢必有更多男性加入坐姿小解一族的行列。而且由於有愈來愈多的婦女走出家庭賺錢，家事成了男女共同分擔的工作，許多家庭打掃廁所的任務落在丈夫身上，所以男性同胞們為了盡量不弄髒廁所，才會紛紛響應坐著小便吧。此外，UNIQLO等居家休閒服的熱潮也帶動了易於穿脫的褲子設計，更加速了坐姿小解一族的興盛。

這麼一來，想必廁所也將逐漸研發出相應的改變吧？不出我所料，適合採坐姿小解的馬桶甫上市便獲得相當的好評。

為了親眼見識那是什麼樣的馬桶，我向研發人員詢問之後，來到了松下電工（即今日的Panasonic）位於東京汐留的展示場。

❖

汐留經過城市更新後，充滿未來感，目前為日本電視臺與電通等大樓的所在地，連曾在新橋工作的插畫家內澤也差點迷路其中。

在這處先進城市汐留的一隅，矗立著松下電工的展示場。

「其實這款馬桶原先並不是為了坐姿小解一族研發設計的。」松下電工廁所研發部的酒井武之先生向我們娓娓道來。

一進公司便被分發至廁所部門的酒井先生，最先著手研發的是附扶手的馬桶，沒想到這項原本不被看好的產品卻意外地暢銷，據說占了松下馬桶業績的五成以上。

而且，原先是針對高齡人士開發的產品，實際上購買的消費者卻以年輕男性為最大宗。

根據調查結果顯示，這些消費者希望能有更寬敞的便器，加上附有扶手的話，如廁時看書報

都很方便且舒適（這點我上回也親身體驗了）。酒井先生說，他們預備研發的新一代馬桶將著眼於讓使用者坐起來更舒適的貼心設計。

「一般我們使用的馬桶前端較尖而窄，一坐上馬桶座，尤其是大腿部分很容易受到壓迫，其實並不是很舒適的設計，坐久了腿甚至會麻。於是我們重新設計了馬桶的外形，將便器的圓形開口拉大，加寬接觸到大腿的部分，讓使用者坐起來更舒適；另外我們也加寬了便器開口的縱向長度，這麼一來也就能符合坐姿小解一族的需求了。」

他們當初的企畫小組動員了全松下社員進行樣本蒐集統計，當中甚至包括打過美式足球的壯碩男士，分析後，得出便器開口縱長的最佳長度為三百一十五釐米。

「但大過這個數字就不行了。縱長長一點對採坐姿小解的男性來說是方便的，但女性卻無法舒適地如廁，這是因為男性小便時雙腿是張開的，女性則是閉合的狀態，要是縱長太長，女性的小腿會去抵到便器。」

我不禁大感佩服，因為我從不知道女性上小號時雙腿是併攏的，而內澤也發出驚嘆道：

「咦？原來男生上小號時雙腿是張開的啊？」

「我們合理地懷疑，至今一直沒出現適合男性坐著小便的馬桶，是因為一般的馬桶都是採取用世界通用的尺寸與設計，而設計最初並沒有將採坐姿小便的男性需求考慮進去。換句話說，能夠同時解決大小號的只有東方男性，西方男性似乎是辦不到的，也就是說西方男性絕對不會坐著小解。」

這麼說來，我的確聽過一段傳說，音樂人MY在美國流浪的時候，曾在美國人面前宣告

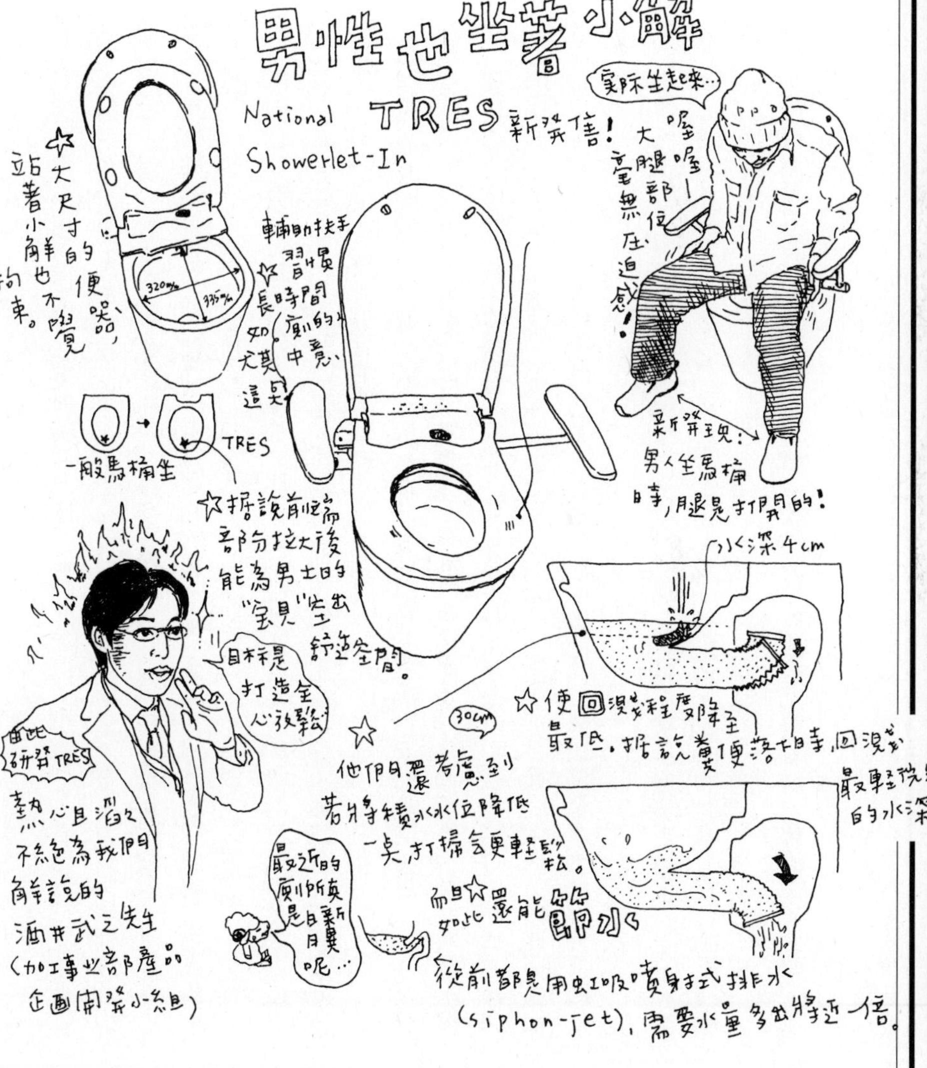
男性也坐著小解
National TRES 新発售!
Showerlet-In
☆大尺寸的便器，站著小解也不覺拘束。
320mm
335mm
一般馬桶坐
TRES
輔助扶手
☆習慣長時間如廁的人，尤其中意這點
實際坐起來…
喔喔喔!
大腿部位毫無壓迫感!
新發現：男人坐馬桶時，腿是打開的!
☆據說前端部分拉大後能為男士的"寶貝"坐出舒適空間。
目標是打造全心放鬆
由此研發TRES
熱心且滔滔不絕為我們解說的酒井武之先生（加工事業部產品企畫開發小組）
水深4cm
30cm
☆他們還考慮到若將積水水位降低一點，打掃會更輕鬆。
☆使回濺程度降至最低。據說糞便落下時，回濺最輕微的水深
最近的廁所真是日新月異呢…
而且☆如此還能節水
從前都是用虹吸噴射式排水（siphon-jet），需要水量多出將近一倍。

說：「我能夠同時大便和小便哦！」現場表演之後，還因此賺得了小費。

回來看這款新研發的馬桶——「Showerlet–In TRES」。花了這麼多心力分析研究設計出的馬桶，我當然想親身體驗看看，然而場內並沒有設置排水管線，我要是真的試用下去就慘了。

所以，我只能試坐在馬桶上感受一下。而我的感想是，的確非常舒適，要說是坐在椅子上也說得過去。

我仔仔細細打量著這款馬桶，發現了一件事。一般坐式馬桶的排水口位置都是靠近後方水箱，這款「Showerlet–In TRES」的排水口卻設計在便器正中央位置，難道有什麼特殊考量嗎？一問之下，酒井先生難掩得意地說明道：

「您問了一個好問題。這個設計與坐著小解並無關聯，而是防止水回濺的巧思。」

一些高檔馬桶為了防止糞便沾污便器內部，排水口處通常積存有大量的水。但要是水積得太高，糞便落下去時，積水又很容易回濺。於是為了找出平衡點，他們進行了關於水深與回濺程度的調查，得出的結論是，水深四公分以下的話，回濺程度是最輕微的。由此衍生出的設計便是——將排水口的位置由肛門正下方稍微往前移一些，就能讓積水水深維持在四公分以下了。

由於酒井先生的說明實在太過生動，我不禁對他說：「看來您真的非常喜歡馬桶呢！」他滿臉笑容地答道：「是的，我們每個組員都很喜歡馬桶。必起其他部門的同事，我們小組的成員對自己的工作都感到非常驕傲。」

由如此自信滿滿的團隊研發出來的馬桶，我無論如何都想試用看看。據酒井先生說，這棟大樓內部裝設的馬桶全是松下的產品，雖然沒設置「Showerlet–In TRES」，有別款的新產品正在前線服務。

酒井先生帶我們來到二樓廁所，我一看到他們的小便斗，眼睛頓時一亮。

在小便斗的中央偏下方，標有一個直徑數公分的○。酒井先生解釋道，一旦標上這個○，男士在上小號時，幾乎會本能地瞄準這個記號尿尿，而這個○正是標在回濺程度最輕微的位置，由此得以減少小便斗周遭被弄髒的機率。

據說松下出品的小便斗一直有此傳統，我卻是初次親身體驗到。目前日本的馬桶市場，TOTO占了六成，INAX約三成，剩下一成的半數則是由松下吃下。由於他們的主力客層多為家庭，若非自己或朋友在自家裝設了松下出品的馬桶，一般是很少有機會使用到的。

接著我們來到個人隔間，望著眼前的馬桶，我又吃了一驚。

這款最新式的馬桶不只有溫水洗淨系統，溫水中還摻了洗潔液，連油脂都洗得掉；此外洗潔液裡附有薄荷成分，據說排便洗淨後，肛門會覺得非常清爽舒服。

更令人吃驚的還在後頭。這款馬桶附有按摩出水裝置（聽說別的廠牌也研發了此項功能），一按下按鈕，便會以一定的節奏噴出溫水柱刺激肛門，讓使用者產生便意。據說這項設計的靈感來自母親刺激小嬰兒的肛門協助排便、或像是動物會舔小寶寶的肛門，是一樣的道理。

我坐上去嘗試沖了大約一分鐘，肛門一帶的確有點蠢蠢欲動的感覺（雖然沒有真的大出來）。接著我使用溫水洗淨之後，真的非常清爽舒暢。

嗯——，不愧是聞名全球的大企業松下。他們除了本行的電器製品，還同時開發居家住宅，只要是家庭內的所有事物，松下製品全都為你照顧到，如此豪氣的規模，難能一見。

取材結束後的回家路上，我望著高聳於新都市汐留的松下大樓，不禁深深感歎。

松下幸之助注二，果然是個狠角色。

注二　松下幸之助（1894—1989）出生於日本和歌山縣，是橫跨明治、大正及昭和三世代的日本企業家，亦為松下電工、松下政經塾與PHP研究所的創辦者，在日本被稱為「經營之神」。

OASIA@akiba

秋葉原是充滿嚮往的街區。

三十年前，如同一般的中學或高中男生，我也是個音響少年，熱中地翻閱組合音響目錄，模仿長岡鐵男先生自製背負載號角式（Back Loaded Horn）音箱等等，成天醉心於音響的世界裡，因此當我初次來到秋葉原的電器街時，那分感動實在非言語所能形容。大至大規模的大型家電量飯店，小至巷子裡販售專門零件的小店，各式各樣的電器製品應有盡有，店員們也如電器百科全書般知無不言、言無不盡，只要來到這地方，想要的東西全買得到，我深深為秋葉原的先進與深奧感佩不已。

後來秋葉原逐漸朝數位世界轉型，標示牌也將「秋葉原」寫做科技感十足的「ＡＫＩＢＡＨＡＲＡ」或「ａｋｉｂａ」，但其全球第一大、最先進電器街的地位，依舊屹立不搖。

與這樣的秋葉原相呼應的公共廁所落成了。這間位於電車站前、由千代田區區營的廁所，名稱就叫做「ＯＡＳＩＳ@ａｋｉｂａ」。

這間公廁最大的特點就是提供了電腦情報區以及吸菸室，使用需付費（一次一百圓），有專人常駐看守。

聽說千代田區每年花費五千萬圓在公廁的管理清潔上，然而卻不斷遭到一些缺德民眾在廁所內塗鴉，或是將廁所弄得骯髒不堪。為了扭轉現狀，區公所決定大刀闊斧改革，在最先

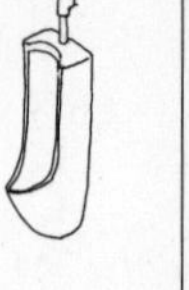

進的街區秋葉原上設置有人看守的收費公廁，希望由秋葉原領頭引起全國的響應。

當得知這間公廁的啟用日為平成十八（二〇〇六）年十月十六日，我突然心生一個狂想。

我只要在正式啟用前，跑去公廁前排隊占好第一順位，搞不好我就能取得聞名世界的秋葉原之「收費公廁第一號使用者」的頭銜了。

我難掩興奮，立刻請教了千代田區環境土木部門道路公園課的負責人笛木哲也先生，他苦笑著說：

「這樣啊，哈哈……您想當第一號使用者啊，也是啦，的確有人會這麼想。當天上午十一點有個啟用典禮，而正式開放讓一般民眾使用的時間是十二點。雖然無法讓您列席典禮，去排隊等正式開放倒是很可能排到第一位哦。放心吧，我想應該沒什麼人會去排隊吧。」

在正式啟用前試用的人是一定有的，但我想開始收費後，會想去嘗試的人應該不多。

我不想將這份榮譽拱手讓人，於是十月十六日晴朗的秋季天空下，我帶著緊張而期待的心情，一早便從我位於八岳的住家出發，朝秋葉原前進。

那間公廁位於ＪＲ電車站的東北方，一旁就是友都八喜注三與筑波快線注四。

來到啟用典禮會場，公廁正前方搭起了棚子，棚子下方數排椅子並列，許多一身深色西裝的男士忙進忙出，電視攝影機與固定式攝影機等媒體早已架好等待著，現場瀰漫著即將刻下歷史新頁的興奮情緒。

注三　友都八喜（ヨドバシカメラ），日本大型連鎖購物中心，主要銷售各種生活電器、電腦、專業攝影器材等產品，單店銷售額與單人銷售額均為日本第一。店鋪全數設於各地交通樞紐站附近，在日本大型購物中心布局上以軌道戰略著稱。

注四　筑波快線（つくばエキスプレス），即TSUKUBA EXPRESS，簡稱TX，縱貫首都圈東北部的鐵路，2005年8月正式通車以來，以最高時速130公里的高規格通勤鐵路為延線地區帶來熱絡活力，創造了嶄新的都市生活空間。

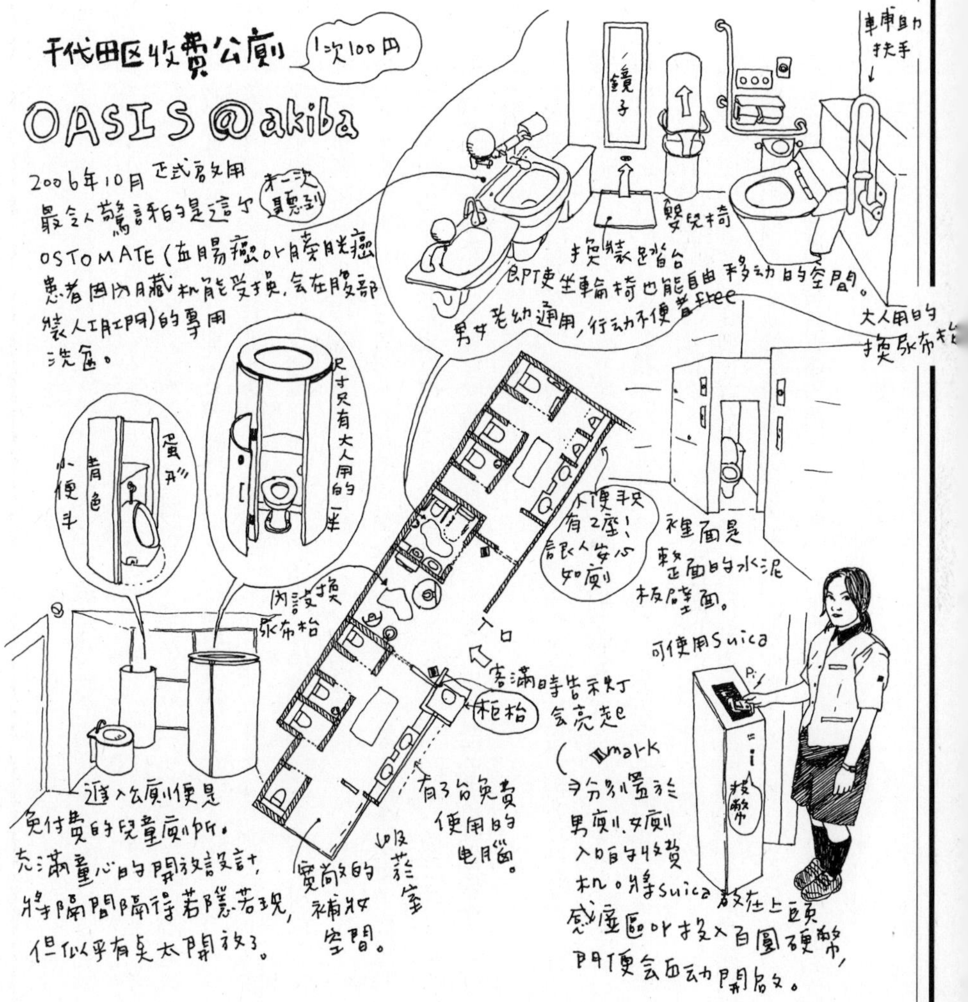
千代田区收費公廁
1次100円
OASIS @akiba
2006年10月正式啟用
最令人驚訝的是這個
第一次聽到
OSTOMATE（直腸癌or膀胱癌患者因內臟機能受損，会在腹部裝人工肛門）的專用洗盆。
鏡子
嬰兒椅
換裝踏台
即使坐輪椅也能自由移動的空間。
男女老幼通用，行動不便者free
輔助扶手
大人用的換尿布台
尺寸只有大人用的一半
蛋形
小便斗
青色
小便斗只有2座！讓人安心如廁
裡面是整面的水泥板壁面。
內設換尿布台
入口
客滿時告示燈会亮起
櫃台
mark
分別置於男廁、女廁入口的收費機，將Suica放在上頭感應區or投入百圓硬幣，門便会自動開啟。
可使用Suica
投幣
有3台免費使用的電腦。
吸菸室
寬敞的補妝空間。
進入公廁便是免付費的兒童廁所。充滿童心的開放設計，將隔間隔得若隱若現，但似乎有點太開放了。

到了十一點，典禮準時開始了。在區長致詞、表揚本公廁的命名者（女性）之後，進行了剪綵儀式。

由於要到十二點才會正式公開使用，我將排隊一事稍微延後，先隨著參觀人潮進入女廁。因為等到正式公開後，就無法進女廁參觀了，要看只能趁現在。

一進到內部，迎面便是看守人員的常駐櫃臺，而首先映入眼簾的是小學生以下得以免費使用的兒童用廁所，裡頭設置的是托兒所常用的小尺寸馬桶。雖說小學生以下的孩童免費，對高年級的小孩來說，這座馬桶其實太小，實際上是不可能使用的。

接著我來到女廁，其內部空間的寬廣，讓人印象深刻。雖然不是多麼豪華高級的內裝，乾淨高雅的環境卻給人相當的好感。

此處設置的是最新型的洗淨式馬桶，而最值得一提的還是其寬闊的活動空間，從入口到馬桶的距離相當遠，天花板也是挑高的設計。

個人隔間共有四間，當中一間設有換裝用的踏臺。男廁那邊也備有換裝空間，真不愧是秋葉原，這些設計一定是提供給秋葉原系Cosplay換裝時使用的。

這間公廁的設計事務所是我先前採訪山崎小學與新宿回憶小巷時也提到過的「Gondola」，據負責人小林女士所言：

「這座廁所的設計重點在於加強隱密性，所以牆壁砌得特別厚。雖然在一般公廁的狀況，若個人隔間內的附設機能愈高檔，愈可能與犯罪扯上關係，但這裡有看守人員駐守，又是需要付費才能入內，安全層面沒有疑慮，所以我們將每一個獨立隔間都設計成非常隱密的空間。」

難怪這裡的水泥牆厚達十五公分，構築了一個確保個人隱私的安心空間，裡面的聲響也不會傳到外頭，如此一來，付費入內的使用者也會覺得付這筆錢是值得的了。

仔細參觀完女廁後，我回到入口處排起隊來。

離正式開放還有五分鐘左右，排隊的卻只有我一人。一旁繫著領帶的笛木先生微笑地望著我說：「看吧，我就說不會有人跟你搶吧。」

終於到了決定命運的十二點整。我向常駐櫃臺的小姐打了聲招呼，旋即朝收費機前進。這臺收費機可接受電子貨幣Suica[注五]或百圓硬幣，但我身為第一號使用者，還是想親手投入百圓硬幣更具代表意義。

錢一投進去，男廁的自動門便打開來。我入內一看，內部空間與女廁一樣相當寬敞，小便斗只有兩座，其他都是個人用隔間，想想這樣的配置也是無可厚非，因為應該很少有人付了一百圓進來只是在小便斗前花個一分鐘小解完就離開吧。

我走進附有換裝踏臺的個人隔間裡，這是最大的一間。接著我迫不及待地褪下褲子，坐到全新的馬桶上。

嗯，這個空間給人的感覺確實非常寬敞、非常舒適。

由於這公廁有看守人員常駐，相當人性化，使用規則上便明記著，當個人隔間全部客滿時，下一名使用者是無法入內的。這也是為了讓每位付費進來的使用者能夠不必在意門外有人等待，毫無壓力地在獨處的空間裡悠哉地上完廁所。

託這無壓力環境之福，以及我周遊亞洲各國為《東方見便錄》取材時鍛鍊出來的體質，我

注五　Suica，一種可加值、非接觸式的智能卡（IC卡）系統的乘車票證，適用於東日本三條電車路線，可在大部分的售票機購買，也可利用自動補票機補票或加值；亦具備電子貨幣的功能，可在部分商店購買商品。

順利地以第一號使用者的身分，大出了便便。

接著我理所當然地使用了馬桶的洗淨設備，這時我發現，這座馬桶是ＩＮＡＸ出品的，而我記得女廁那邊的是ＴＯＴＯ馬桶。不愧是提供大眾使用的公共廁所，連兩大廠商的市場平衡也考慮進去了。

上完廁所，心滿意足的我向櫃臺小姐道了謝便走出外頭，眼前的光景卻讓我嚇得目瞪口呆。數臺電視攝影機早就等在門口，一看見我的瞬間便全部圍了上來。

「不好意思，我是ＮＨＫ的記者。想請您聊一下您的使用感想好嗎？」

這……，前來採訪的人卻反被採訪，現在是什麼狀況啊？

「啊，呃，我也是來採訪的……」我試著拒絕，但對方依舊堅持著：「那無所謂，請您談談吧！」我顯然沒有退路了。

「請問您從哪裡過來的呢？」

「唔……，山梨縣。」

「哇——，您為了第一個使用這座公廁，特地大老遠從山梨過來呀！」記者一臉佩服地說道。看到這段採訪的視聽者一定會覺得我這人還真閒。

「您使用後覺得如何？還會想再花錢進去上廁所嗎？」

「如果下次來秋葉原的時候，突然想上廁所，我可能會再來消費吧。但如果不想上廁所，應該就不會再進去了。」

多麼空洞的感想啊，可是我實在想不出更好的心得了。

說完這段話，我正想趕緊離開這裡，一旁有人出聲：「不好意思耽誤您一下，我們是日本電視臺……」另一邊又是：「我是富士電視臺的記者，想請您……」結局就是，我一連接受了數家媒體的採訪。

一想到自己那傻里傻氣的模樣將透過首都圈的新聞播出去，我就恨不得找個地洞鑽進去。但既然確定了我的名字將在光輝的秋葉原歷史上留下一筆，嗯，這就當是代價吧。

松下電工A·La·Uno

我收到一封寄至我家電腦的Mail。

「敝公司即將發售一款劃時代的新產品。十月十六日的發表會，請您務必撥冗出席。」

寄件者是先前採訪松下電工（即今日的Panasonic）「TRES」馬桶（滿足採坐姿小解男士的需求而研發出的新型馬桶）時結識的酒井武之先生。這麼說雖然有點驕傲，聽說上次我那篇介紹「TRES」的文章在他們公司內大獲好評，所以才會有這次由研發者親自送來的新產品發表會邀請函。

我當下就決定要出席了，何況時間點真是安排得太巧妙——上一篇介紹的秋葉原收費公廁「OASIS@akiba」正式啟用時間是十六日正午，而在汐留松下電工東京總公司舉辦的新商品發表會是十六日的下午一點三十分，簡直像是兩邊先約好似的，對於專門撰寫廁所相關報導的我來說，深深感受到命運的不可思議……

順利達成「OASIS@akiba」第一號使用者的心願，附帶接受一堆電視臺的採訪之後，我在秋葉原搭上JR山手線直奔新橋而去。一抵達發表會會場，令我訝異不已的是，現場聚集了為數驚人的採訪媒體，而且每位記者都是西裝筆挺，從會場氛圍便不難察覺這項新產品受矚目的程度。

首先是公司高層致詞，緊接著就是研發者酒井先生上臺了。

「我要宣布一件事，這次我們National，成功地讓馬桶進化為家電了！」

酒井先生自豪地介紹的，便是有著「全自動自我洗淨功能馬桶」稱號的「A・L a・U n o」（酒井先生解釋道，這個名字是法文與義大利文的綜合體；而松下同時期發售的系統浴室則是命名為「E U」注六。真不愧是關西人吶注七，會場頓時響起了笑聲。）

這款新產品最大的賣點正如其稱號所示，三個月都不必刷洗也無所謂。

根據調查資料顯示，坐式馬桶平均一年需要刷洗一百零四次，「A・L a・U n o」卻只需要四次便解決了，其祕密就在於馬桶本身使用了抗污效果極佳的獨特新素材，加上使用混和兩種泡沫的洗淨技術，每次使用後都能順便清潔，再搭配龍捲式水流，能夠一口氣將髒污沖得乾乾淨淨。綜合以上三要素的完美合作，得出的成果就是這款全自動自我洗淨功能馬桶。

三要素當中，最值得一書的便是新素材這部分。

由於日本馬桶製造商的兩大龍頭——TOTO與INAX生產的都是陶瓷馬桶，也因此一般人的認知就是馬桶素材＝陶瓷。但是根據松下電工的研究發現，馬桶污垢最主要是來自水垢與陶瓷產生了化學作用，於是他們開始研發陶瓷以外的素材，由此誕生的便是常使用於水族館等大型魚缸製作的有機玻璃。

這個新素材具有高度撥水性與抗污力，塑形的自由度也遠遠大於陶瓷，相對地能夠設計出更多元的外形。此外，比起陶瓷質材的馬桶，一座「A・L a・U n o」不到二十公斤，整整比傳統馬桶少了將近一半的重量。

還有，「A・L a・U n o」的外形少了容易藏污納垢的馬桶緣，馬桶座與便器之間也以接

注六　松下企業提出理想模式的未來屋EU House，結合了環境（Environment）與通用設計（Universal Design）的全方位解決新概念，包括一體型公寓建築浴室。一般簡寫EU代表歐洲聯盟（European Union）之意。

注七　松下幸之助為關西出身，關西人素以擅長搞笑著稱。

近密合的無縫隙方式設計，相當符合其「全自動自我洗淨功能馬桶」的稱號。我個人非常佩服的一點是，松下不愧是做家電出身，他們在「Ａ・Ｌａ・Ｕｎｏ」內藏了夜間ＬＥＤ照明與立體環場揚聲器。

原本我還不覺得在馬桶裡埋了揚聲器有什麼好驕傲的，現場一試聽，我當場刮目相看。由於廁所空間並不大，加了環場效果的音樂聽起來尤其動聽；揚聲器明明是設在使用者的腳邊，聽起來卻像是從天花板還是牆壁傳出來的音樂。

〈聖母頌〉、〈Ｇ弦之歌〉等等，馬桶內建的古典樂曲都是一時之選，我不禁頻頻點頭，方才酒井先生所言「讓馬桶進化為家電」一語顯然並非誇大其詞。

酒井先生的致詞告一段落，接著就是「Ａ・Ｌａ・Ｕｎｏ」的現場實際操作示範。即使是松下充滿自信的新產品，總不好在電視攝影機及固定式攝影機團團包圍之下拿真的便便來示範吧。我非常好奇所謂的實際操作會以什麼方式呈現，等到一看到松下拿出的道具，我受到的震驚遠遠大於看到「Ａ・Ｌａ・Ｕｎｏ」的瞬間。

他們準備的，是稱為「模擬便便」的道具，無論質感或尺寸，都與真的便便如出一轍。而且，模擬便便不止一款，包括正常便、略軟便、軟便、水便、懸浮便等五種。雖然染上了深綠色，靜靜躺在那兒的道具，怎麼看都像是真的便便。

據說為了研發出這些模擬便便，松下所花的研究經費不下於開發「Ａ・Ｌａ・Ｕｎｏ」，甚至打造了一臺專門生產模擬便便的機器，就擺在會場的一隅展示。我與插畫家內澤登時將「Ａ・Ｌａ・Ｕｎｏ」的事拋在腦後（酒井先生，對不起！）跑去模擬便便生產機前方，湊近機器

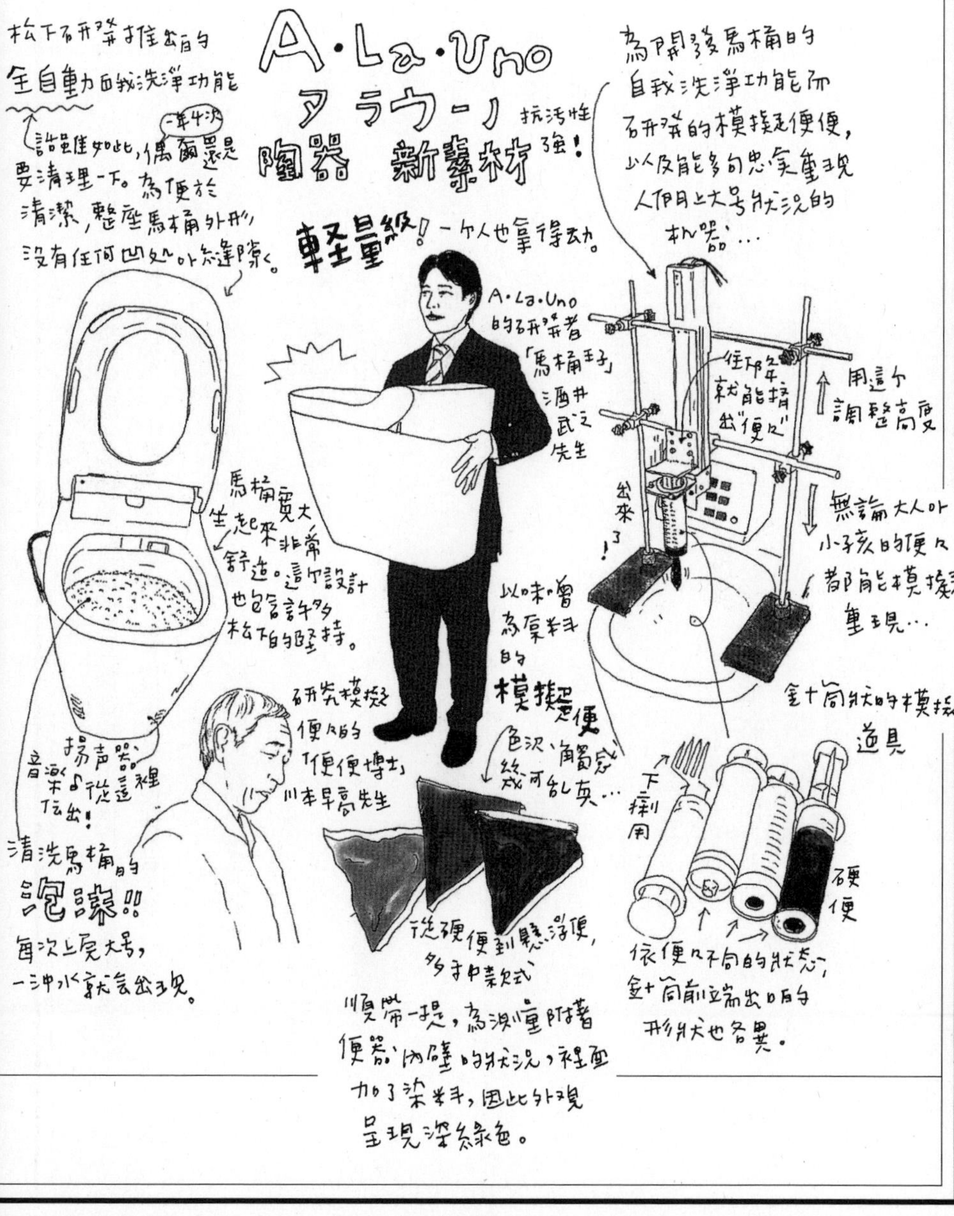

松下開發推出的
全自動自我洗淨功能
話雖如此，偶爾還是（一年4次）要清理一下。為便於清潔，整座馬桶外形沒有任何凹凸和縫隙。
A·La·Uno
アラウーノ
陶器 新素材 抗污性強！
輕量級！一個人也拿得動。
A·La·Uno的研發者「馬桶王子」酒井武之先生
馬桶寬大坐起來非常舒適。這個設計也獲許多松柏的支持。
揚聲器、音樂♪從這裡傳出！
清洗馬桶的泡泡!!
每次上完大號，一沖水就會出現。
研究模擬便便的「便便博士」川本早高先生
以味噌為原料的模擬便
色澤、角度都可亂真…
從硬便到懸浮便，多種款式
順帶一提，為了測量附著便器內壁的狀況，裡面加了染料，因此外觀呈現深綠色。
為開發馬桶的自我洗淨功能而研發的模擬便便，以及能夠忠實重現人們上大號狀況的機器…
往下降就能擠出"便便"
用這個調整高度
出來了！
無論大人和小孩的便便都能模擬重現…
針筒狀的模擬道具
下痢用
硬便
依便便不同的狀態，針筒前端出口的形狀也各異。

研究了起來。這臺機器的機制是，將模擬便便的原料注入針筒裡再擠出成形，研發重點就在於擠壓的力道，據說要是以手工擠出，由於力道不均勻，無法做出真的便便的質感。

「首先，我們來製作一條正常便便。」

一名像是研究員的松下解說員冷靜地對我們說道，接著設定好機器，按下開關。

「喔——！」

圍觀群眾湧起一陣驚歎。真的不知道該如何以言語形容，出來的那東西要說有多像真的便便就有多像，而且還不是一口氣出來完整的一條，途中有些斷斷續續的，實在是太逼真了。

「接著，我們重現有些拉肚子的狀態。」

針筒前端的洞扮演的正是肛門的角色，因此這臺機器在生產不同種類的模擬便便時，都必須更換不同開口的針筒，以忠實呈現便便的樣貌。解說員換好針筒後，再度按下開關！

第二彈依舊引得數名圍觀眾人忍俊不禁，因為，實在太寫實了，擠出便便時還會不時發出噗噗的氣聲，大夥兒一個勁兒猛點頭說：「對對對！就是這樣！」

「請問這些模擬便便的原料是什麼呢？」內澤問。

員工回道：「是味噌。」

由於味噌是以有機物發酵製成，與糞便的組成類似。我湊上模擬便便聞了聞，確實有微微的味噌氣味。至於為什麼看上去是深綠色的，據說是因為他們將味噌內近似油污類的成分染成紅色、近似水垢類的成分染成青色，以便記錄便便附著於便器內壁的詳細狀況。想想也對，要是完全沒著色直接拿味噌來用，大家應該都會退避三舍吧。

「那麼，我們再來看一次正常便吧。」

或許是現場反應太熱烈，解說員也熱情地再度示範，我與內澤更是看得目不轉睛。這時，內澤突然悄悄對我說：

「齊藤先生，這下相當不妙哦……」

我連忙抬頭一看，位於另一側的攝影媒體正在拍攝這臺模擬便便製造機的運作過程，而這樣的攝影角度，不偏不倚地將我和內澤看得入神的模樣全拍了進去。

我想這些畫面應該不會登上新聞吧，但要是這段採訪與秋葉原付費公廁的消息一同上了電視，兩則報導都看到的人可能會覺得：「這個男的對於這類東西相當狂熱啊。」我和內澤離開了模擬便便製造機，回來主舞臺這頭，臺上站著的是為了展現「A・L a・U n o」重量之輕，而抱著馬桶讓媒體拍照的酒井先生。

抱著馬桶的酒井先生身後，站著數名宣傳美女。一想到松下電工未來馬桶研發的重責大任就落在酒井先生的雙肩上，看到這幅奇妙的景象，也不覺得那麼超現實了。

TOTO兒童專用馬桶

平成十九年（二〇〇七）秋天，TOTO發表了新產品：KIDS' TOILET SPACE——幼童專用廁所。

TOTO身為日本最具代表性的衛浴設備製造商，不斷研究發表最先進的衛浴設備，無論是一般家庭、公共設施或辦公室的專用廁所，都在他們的守備範圍內，然而提供給幼童的專用馬桶，卻是睽違了二十五年的二度研發。

大動作重出江湖，想必是TOTO自信之作，我無論如何都想親眼見識一下，於是來到了位於世田谷的TOTO技術中心，參觀幼童專用廁所的展示。

迎接我和內澤的是宣傳部的久野敦子小姐以及參與幼童專用廁所研發的上岡麻衣小姐。

「我在幼童專用廁所研發小組中負責溝通聯絡這部分。研發期間，我曾數度前往托兒所與幼稚園，除了採訪幼保老師及園長，我還以實習生的身分在園裡待上一整天親自體驗幼保工作，同時密切觀察幼童上廁所的狀況。」上岡小姐說道。

年輕的她看上去就非常適合穿著保母圍裙擔任實習老師。

「只要小朋友一去上廁所，我就會跟上去做觀察紀錄。最令我訝異的是，沒想到小朋友依年齡不同，對我在場的反應會有這麼大的差異。好比以平均值來看，大約兩歲左右的小朋友會先將褲子整件脫掉再上廁所，到了三歲就只需要褪到膝蓋就好，而五歲左右的小朋友則會意識到我這個旁觀者的存在，露出一臉『妳在看什麼？』的表情哦。」

如此深入的調查研究，成果就展現在他們的新產品上。看到展示區內一字排開各式各樣的幼童用馬桶，我內心有種不下於參觀TOTO廁所博物館的驚喜感受。

位於展示區右側的是上大號用的便器，左側則陳列了各種尺寸的小便斗。最引人注目的就是一～二歲幼童專用的小型大便器（「小型大便器」一詞還滿妙的……），不但降低了便器高度，迷你的尺寸乍看之下真的很像是玩具。

此外，這款馬桶座並非一般的橢圓形，而是將左右兩側拉直呈平行狀，因為這不只是一款坐式馬桶，而是能夠讓使用者面朝前方直接蹲上馬桶座的坐、蹲複合式馬桶！而且為了防止尿液回濺，馬桶座的前後都加裝了防護設計（似乎是叫「擋尿緣」）。

我這時才想起，我家那兩個兒子離開尿布、開始練習到兒童便盆上廁所的那段時間，也都是將整條褲子脫下，朝前蹲在便盆上如廁。這個姿勢對幼童來說穩定性最高，而且上完廁所後，由於必須由大人幫忙擦拭屁股，對大人而言，讓小朋友採取蹲姿如廁絕對是較易清理的。隨著孩童漸漸長大，開始練習使用坐式馬桶的這段期間，很需要協助穩定姿勢的扶手，而這款幼童專用馬桶旁就設置了一座大象造形的可愛廁所扶手，不但兼具廁所衛生紙架的功用，當幼保老師幫幼童更衣時，只要有了這座扶手，就能夠輕鬆地完成作業了。

我試著蹲上幼童專用便器體驗一下。

真的好小！這時，我忽然想起某位家裡有幼童的友人曾聊過一則小插曲。

他在孩子托兒所的運動會上，突然想上大號，但成人廁所全部客滿，不得已之下他只好

衝去幼童專用廁所的個人隔間內解決。上出來後，他望著自己的便便，突然覺得很過意不去，因為那坨便便看起來異樣地巨大。想想也是，用這麼迷你的馬桶上大號，成人的便便一定顯得相對地龐大吧。

不過這座幼童專用馬桶尺寸小歸小，排水口與水箱的尺寸卻是正常尺寸。關於這點，上岡小姐的解釋是：

「幼童一次如廁與成人如廁所需要的用水量，同樣是六公升哦。我們向幼保老師詢問調查的結果是，小朋友的便便量絕對不算少，因此這款馬桶設定的排水機制與成人馬桶是一模一樣的。不過，請您試用一下這個沖水手把。」

我一壓下手把，水渦一旋，立刻將便器內部沖得乾乾淨淨。這款手把設計得比較大而好握。

「一般常見的手把是垂直朝下，要沖水時得將手把往上提，這樣的操作對幼童來說有一定的困難度，也因此小朋友常會上完廁所沒沖水就離開了。所以我們將手把改良定位至水平位置，沖水時將手把往下壓即可。」

原來如此，確實這麼一來沖水手把變得好操作多了。我好奇的反而是，既然這個設計好用得多，為什麼成人馬桶的設計不多多響應呢？

這間幼童專用廁所內部還有許多貼心設計，好比為了預防幼童的手被馬桶座與便器間的縫隙夾到，兩者之間刻意保留了相當的空間。另外，為了讓幼保老師便於清潔馬桶，特地在外形設計上減少凹凸或易於藏污納垢之處。協助減輕幼保老師忙碌的工作，也是KIDS' TOILET SPACE的目標之一。

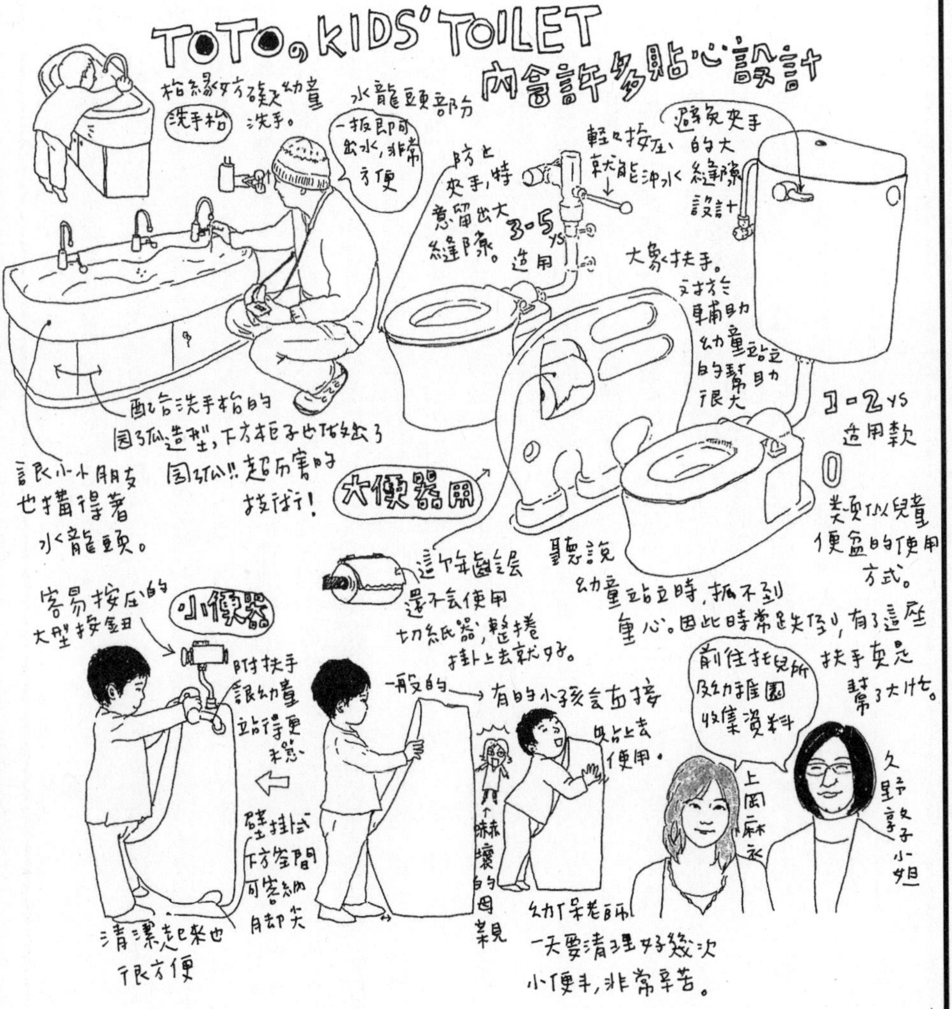
TOTOのKIDS' TOILET
內含許多貼心設計
洗手枱
枱緣好方便幼童洗手。
水龍頭部分
一扳即可出水，非常方便
防止夾手，特意留出大縫隙。
3~5 yrs 適用
輕輕按壓，就能沖水
避免夾手的大縫隙設計
大象扶手。
對於輔助幼童站立的幫助很大
1~2 yrs 適用款
類似兒童便盆的使用方式。
配合洗手枱的圓弧造型，下方櫃子也做出了圓弧!! 超厲害的技術!
讓小朋友也搆得著水龍頭。
大便器用
這個年齡還不會使用切紙器，輕捲掛上去就好。
聽說幼童站立時，抓不到重心。因此時常跌倒，有了這座扶手真是幫了大忙。
前往托兒所及幼稚園收集資料
上岡麻衣
久野敦子小姐
小便器
容易按壓的大型按鈕
附扶手讓幼童站得更穩
壁掛式下方空間可容納腳尖
清潔起來也很方便
一般的
有的小孩會直接貼上去使用。
嚇壞的母親
幼保老師一天要清理好幾次小便斗，非常辛苦。

接著我來到幼童專用小便斗展示區。

最大的特徵就是，小便斗的上端附有黃色的扶手。據說有些幼童因為站不太穩，站著上小號時會伸手抓住小便斗的邊緣（要是被有潔癖的爸媽看到，應該會當場昏倒吧），為此研發出來的解決方案，就是這根黃色的輔助扶手。

此外，聽說不少男童站著上小號時會習慣性地將上半身朝後仰，讓小雞雞突出在前方小便。為了讓男童改過這個姿勢，幼童專用廁所內的小便斗並非一般的落地設置，而是改採壁掛式的，如此一來小便斗下方便空出了供使用者立足的空間，不但幼童能夠輕鬆站得離小便斗更近，即使尿尿濺到地面，也很容易清理。而且壁掛式還有一個好處，那就是能夠依照使用者的身高自由調整設置高度。

KIDS' TOILET SPACE的貼心設計不止如此。「雖然是個小地方，請看這裡……」上岡小姐指著小便斗的排水孔蓋說道。

「一般的排水孔蓋都是陶瓷的，我們使用的質材卻是樹脂，這是為了預防有些小朋友會拿這個起來亂扔。」上岡小姐說著靦腆地笑了笑。

確實，小孩子偶爾會有些遠遠超乎大人想像的行動，這正是育兒的辛苦與樂趣所在。上岡小姐與久野小姐笑著說，比較遺憾的是，花了這麼多時間與心血研發出來的幼童專用廁所，即使請幼童試用，天真的小朋友也不太可能說出「這個好好用哦！」之類的感想吧。

聽說TOTO之所以長達二十五年都沒有開發幼童專用這塊領域，是因為從前的市場需求太小，一般家庭幾乎都不會在家中增設幼童專用馬桶。

然而現在這個時代，父母很肯花錢在孩子身上。一方面職業婦女愈來愈多，托兒所的數量也因應需求增加，再加上少子化的影響，私立幼稚園為增加就讀人數，勢必得在園內設備上提高競爭力。在這樣的時代背景下，幼童專用廁所的市場需求自然愈來愈大了。

而且不限於托兒所與幼稚園，據說部分百貨公司與店家也紛紛增設了幼童專用廁所，因為曾有客人的小孩用了店內的幼童廁所之後，一試成主顧，父母也從此成了該店的常客呢。

透過KIDS' TOILET SPACE抓住顧客的策略，或許在不久的將來會成為市場的通則也說不定。

智慧型廁所

排泄物內，隱藏著身體健康狀態發出的訊息。

痛快飲酒的隔天早晨總會解出較濃的尿液，彷彿身體正警告著自己「內臟也操勞過度了哦」；或者每當出乎意外地大出外形頗佳的便便時，總會有種奇妙的暢快心情。

能夠傾聽你身體內部發出訊息的廁所，其實就像是一間每天幫你做健康管理的保健室。而將整套管理機制具體電子化的廁所系統已經上市，果然大獲好評。

我接下來要介紹的就是電視廣告強打的「Intelligence Toilet」——大和House出品的智慧型廁所。

這是大和House與陶瓷衛浴設備製造大廠TOTO共同研發出來的居家健康管理系統，利用如廁時順便測量尿糖值、血壓、體脂肪、體重等等，還能將數據記錄下來進行統計分析。

這套智慧型廁所於平成十七年（二〇〇五）四月開始販售，平成十八年二月開始成為大和House建屋的標準配備，換句話說，只要是大和House出品的住宅，內部的廁所一定是這款智慧型的。

東京都內大和House展示屋內的廁所也幾乎都是智慧型的，雖然無法實際讓參觀來客實際測量尿糖值（因為是大眾共用的展示屋），但現場量血壓、體脂肪、體重都是沒問題的。得知這個消息，我決定前往位於飯田橋大和House總公司旁的展示屋D-TEC PLAZA拜訪一下。

接待我們的是負責開發智慧型廁所的廣畑友隆先生。

我首先問到的就是，許多人聽到大和House推出智慧型廁所時第一個浮上心頭的疑問：「請問大和House是在什麼契機之下，想到要著手研發智慧型廁所呢？」（我實在問不出口：「為什麼本業為建築公司的大和House會將觸手伸進衛浴設備開發的領域？」）

「敝公司的樋口武長社長早在十多年前便提過，希望能夠研發居家健康管理的系統，剛好TOTO的重渕雅敏會長也一直在考慮開發輔助健康檢查的衛浴設備，雙方的想法不謀而合，因此有了這起合作案。」

也就是說，這個智慧型廁所正是以免治馬桶等在衛浴設備市場穩居龍頭的TOTO，與重視空間設計與家庭網路（Home Network）概念的住宅建築專家大和House，雙方頂尖技術融合所得出的產品。

我實際走進智慧型廁所內參觀，或許是期待過高的關係，乍看之下並沒有太大的驚喜。尿糖計藏在便器裡，沒使用時是見不到的；血壓計也收在廁所衛生紙旁邊的小箱子裡，藏得好好的，我也沒看見；體重計則是埋在地下，平滑的地面看不出那兒埋了一臺體重計；唯一讓這空間看起來像是使用了智慧型系統的，只有設置於鏡臺下方的一面數據顯示板與體脂肪計，其他都和一般的廁所沒什麼兩樣。

我不禁這麼想，搞不好這都是他們的巧思呢？正因為廁所是每天會用到的地方，他們不希望將這些高科技的測量裝置儀器大刺刺地暴露在空間裡，而是盡量將它們隱藏起來，試圖打造出與一般廁所並無二致的設計。

我將我的猜測告訴廣畑先生，他笑開了說道：「誠如您所言，我們的期望是，使用者能夠在如廁時自然而然地接受健康檢測，而且透過每天的使用，養成自我健康管理的良好習慣，這也是智慧型廁所最重要的任務。」

而這套自然而然的習慣流程如下：首先進到廁所時，在數據顯示板上登入使用者，接著坐上馬桶，啟動尿糖計開關（只有採坐姿小解時可測量）之後上小號，同時將手腕放上衛生紙旁的血壓計上量血壓，上完廁所後，站到鏡子前順便量體種，洗完手後將兩手貼上體脂肪計開始測量，最後讀取顯示板上的數據資料檢驗自己的整體健康狀況——這一連串的動作都是在如廁過程中順便完成的。

而整個系統的重點是接下來的部分。測量得出的數值將透過網路輸入電腦，分析出每週、每月的數值變化表，一旦察覺數值有異，便能透過一些生活習慣的改善，預防糖尿病或高血壓等自覺症狀較低的文明病。

「這個分析系統最主要的協助對象，就是負責管理家人健康的母親。由於智慧型廁所能夠記錄全家人的健康數值，母親便能夠輕易地掌握家人的身體健康狀況。我們最終的理想就是讓智慧型廁所成為全家人溝通的橋梁。」

換言之，這款廁所的主要客層是設定在一般家庭，相對地較不適於公共廁所或餐廳等不特定多數人零星使用。

話雖如此，我還是很想親自照表操課體驗一下整套智慧型廁所的使用流程。

這個系統尤其貼心的是尿糖計的設計。靠牆設置的免治馬桶設有左右兩個觸控式操作面

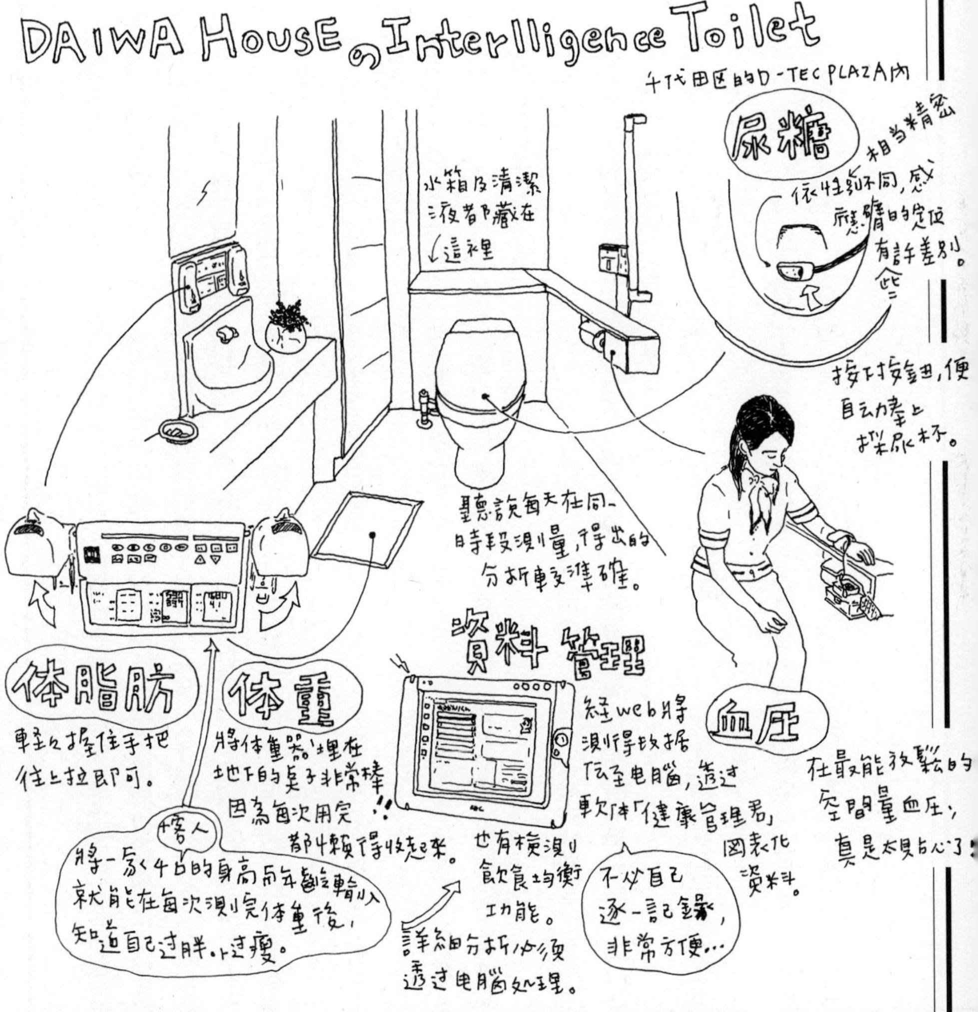
DAIWA HousE の Intelligence Toilet
千代田区的D-TEC PLAZA内
尿糖
相当精密
依性別不同，感應器的定位會有許差別。
按下按鈕，便自動奉上採尿杯。
水箱及清潔液都藏在這裡
聽說每天在同一時段測量，得出的分析較準確。
資料管理
体脂肪
輕輕握住手把往上拉即可。
体重
將体重器埋在地下的桌子非常棒!!
因為每次用完都懶得收起來。
客人
將一家4口的身高與年齡輸入就能在每次測完体重後，知道自己過胖、過瘦。
經web將測得數據傳至电腦，透過軟体「健康管理君」圖表化資料。
也有檢測飲食均衡功能。
詳細分析必須透過电腦处理。
不必自己逐一記錄，非常方便…
血压
在最能放鬆的空間量血压，真是太貼心了!

版，分別為男用與女用。一按下測量尿糖按鈕，便器前方便會伸出一支小杓子般的感應臂，使用者只要和平常一樣小解，感應臂便會自動定位採集尿液。這個感應臂設定的位置當然是男女有別，女性使用時會較靠近肛門側。既然是TOTO開發的免治馬桶，我想這個定位的設定值一定也是經由他們員工實際測試統計分析得出的結果吧。上小號的時候，屁股下方突然伸出一支感應臂偵測定位，人們一開始使用可能多少有些許抗拒，但我想應該會與免治馬桶迅速普及至市場上一般，大眾很快就能習慣了。

感應臂一採集到尿液，立刻以電腦進行數值分析。至於使用過後得縮回便器內的感應臂該如何清潔，不愧是TOTO出自的產品，會自動沖洗得乾乾淨淨再收回便器內。

擁有如此高科技的技術，想必在將來，智慧型浴室也不再是夢想了，因為大家都得光著身子才能洗澡，應該更適合各種數值的採集。還有，新一代的智慧型廁所很可能也會增加從糞便取得相關數值的功能吧？

比起尿液，糞便當中藏有更多關於身體健康的訊息，所以如果能夠針對兩者都進行採集分析，整個健康管理系統勢必更加健全，雖然最大的挑戰可能是衛生層面這一關，相信透過TOTO高科技技術，一定有克服的一天的。

對於我這個意見，廣畑先生只是語帶保留地回道：「嗯……，當然，我們的智慧型廁所仍在繼續研發中，不會到此為止的。」

還有，雖然無緣現場適用尿糖測試，我在展示屋裡量了血壓、體重與體脂肪，當場就拿到分析結果了。看著自己的健康數值，我心想，即使無法買下整套智慧型廁所，我家裡也來裝個能測量體脂肪的體重計好了。

因為只要勤快地測量記錄體重與體脂肪，一定有助於我的減肥大業。

生技廁所

生技廁所是透過生物科技（Biotechnology）打造出避免環境污染的無公害廁所。從名稱看來，很容易聯想到高科技儀器之類的，其實整個機制與設計再簡單不過。將便槽內裝滿鋸屑，如此一來，生存在鋸屑內的微生物便能分解排泄物的有機物質。也可想像成在馬桶下游加裝了廚餘處理機，是一樣的道理。

既不必清除積存的尿液，也無須設置下水道或淨化槽，對自然環境的破壞度極低，這種廁所想當然非常適合設置於山中小屋，一如我在雲取山那章所介紹。但其實在大都市東京裡，生技廁所正在各個角落活躍著。

好比工地，一般都是讓工人使用流動廁所，後續不但需要人工清除積存尿液，廁所裡很容易又臭又髒。相較之下，生技廁所不但易於維持清潔，永保無臭狀態，相對提供了非常舒適的如廁空間。

聽說有些公園的公廁正是生技廁所，於是，我來到了世田谷區成城三丁目的綠地採訪。

❖

這次為我和內澤帶路的，是SUN TOOLS公司負責維護生技廁所的巖真一先生。

「敝公司大概在十年前首度接觸生技廁所的販售，最近也開始自行研發了。成城這間生技廁所並不是敝公司的產品，我們的定價比他們便宜了將近三成哦。」巖先生自信滿滿地說道。

我們搭上小田急線在成城學園戰下車，徒步約十五分鐘便來到了三丁目綠地。親眼看到地理位置，我便明白為何會選在此處設置生技廁所了。

這片綠地緊鄰著區立明正小學，比校舍低了將近十公尺，若拉下水管過來設置一般的沖水馬桶，不但需要加裝幫浦將水從低地抽往高地，下水道的工程也是一筆費用，所以最後選擇設置生技廁所。加上生技廁所的外觀是棟小木屋，與宜人的綠地景色更是契合。

推開廁所門，迎面就是位於便槽頂面的嵌入式馬桶。由於這款馬桶是直接嵌入便槽上方，一掀開馬桶蓋，正下方就是便槽內的大量鋸屑。

「上完廁所後，只要按下這個按鈕就能啟動善後機制。我們提供的廁所衛生紙是可分解的，用過後直接扔進馬桶內即可。」

我試著按下牆上的按鈕，便槽中的旋槳立刻開始攪拌便槽內的鋸屑，攪了大約一分鐘之後，逆向再攪拌一分鐘，透過這樣的攪動過程就能夠供給空氣給鋸屑內的微生物，而這些活著的微生物正是分解有機物的最大功臣。先不深究這整個系統的運作方式，單就這間廁所的使用感想來說，我覺得絲毫不輸給一般的廁所，非常好用。好比，如廁時必須褪下褲子，要是一個不小心，口袋裡的手機或錢包掉進馬桶裡，在這裡既不必擔心泡水，又能夠輕易地拾起來。又例如拉肚子時，要是使用一般的馬桶，便便很可能瞬間噴得便器內壁到處都是，反觀這款生技馬桶就完全不必擔心這一點，因為正下方就是超大容量的便槽，大可盡情地解放，而且只要按下牆上的按鈕，便便瞬間就和大量鋸屑攪在一起不見蹤影了。

我湊近便槽觀察了一下，看起來一點也不髒，而且完全不臭。我把手掌貼近鋸屑上方，發現隱約飄著一股溫空氣。

「便槽下方設有電暖器，以確保整個便槽內部維持在攝氏五十度上下，如此一來，一方面能夠加速微生物的活動，一方面是用來蒸發尿液，一舉兩得。我每個月過來只需要整體檢查一遍，確認機械一切正常運作，清理一下髒污就好了。一批鋸屑能夠使用一年多，用過的鋸屑便直接化為土壤回歸大地。」

這麼聽下來，生技廁所簡直是萬事美好，但實際上還是有缺點的。

生技廁所如果無法像一般家用廁所每天有一定的使用次數，便槽內的鋸屑吸收尿液不足，便會呈現缺水狀態。

「鋸屑一旦乾掉，裡頭的微生物就死光光了，因此我們都教育所有生技廁所的管理員必須特別留意鋸屑水分的補給。相反地，水分太多也不行。好比舉辦東京馬拉松大賽之類的活動，現場的流動廁所若採用生技廁所，短時間內湧入大量的使用者，整個便槽來不及蒸發尿液，變成溼答答的就沒救了。」

聽著巖先生這番話，我忽然想到，將便槽分隔為尿槽與糞槽不就解決了嗎？既然尿液不需要鋸屑的微生物來幫助分解，只要加熱讓它蒸發掉，然後想辦法去除尿臭味即可，這麼一來大型活動的流動廁所也能夠採用生技廁所了吧？

「您說的沒錯，我們也正在研發固液分離這部分，不過男性用的小便斗並不難處理，問題出在女性通常都是大、小號共用一座馬桶。其實目前並不是沒有固液分離式的生技馬桶哦，

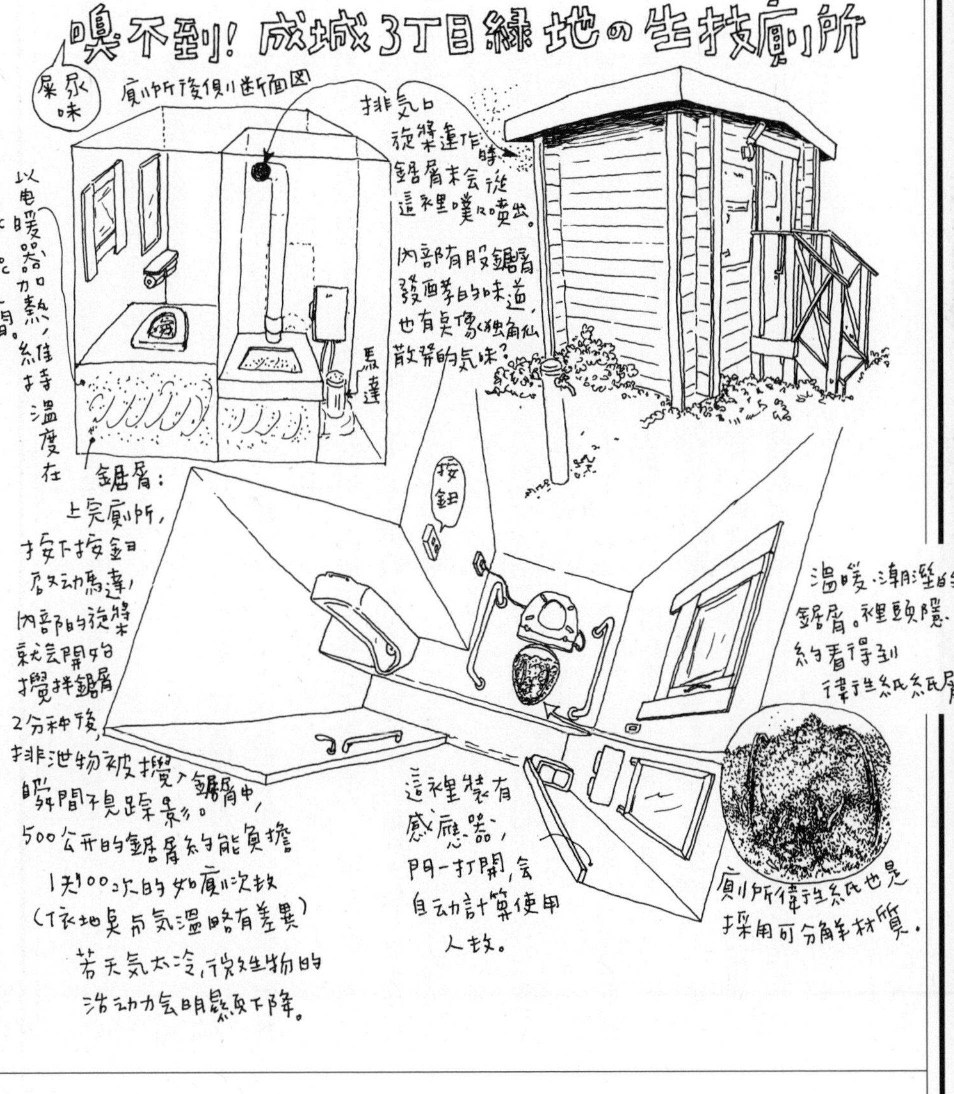
嗅不到！成城3丁目綠地の生技廁所
屎尿味
廁所後側斷面圖
排氣口
旋槳運作時
鋸屑末会從
這裡噗噗噴出。
內部有股鋸屑
發酵的味道
也有臭像獨角仙
散發的氣味？
以电暖器加熱，維持溫度在50°C～55°C之間。
馬達
鋸屑：
上完廁所，
按下按鈕
啟动馬達，
內部的旋槳
就会開始
攪拌鋸屑
2分种後，
排泄物被攪入鋸屑中，
瞬間不見踪影。
500公升的鋸屑約能負擔
1天100次的如廁次數
（依地点与氣溫略有差異）
若天氣太冷，微生物的
活动力会明顯下降。
按鈕
這裡裝有
感應器，
門一打開，会
自动計算使用
人数。
溫暖、潮溼的
鋸屑。裡頭隱
約看得到
衛生紙紙屑
廁所衛生紙也是
採用可分解材質。

其機制是前端集尿槽負責收集尿液，後端便槽負責處理糞便，但我們曾經讓小孩子試用這款馬桶，遇過糞便落入前端阻塞集尿槽的經驗……」

熱心的巖先生繼續說明：

「我們公司正在研發以木炭取代鋸屑的生技廁所，目前設置於多摩動物公園內進行實驗。由於木炭具有『多孔質』的特性，比起鋸屑，木炭內能夠繁殖更大量的微生物，相對地使用量較低，我們也就得以設計出更不占空間的生技廁所，更適合拿去當作看護用廁所。」

原來如此。一般的病患專用便盆對於使用者與清潔者雙方來說，都有一定的負擔，如果能夠開發出小型的生技廁所提供看護使用，不但能夠在室內簡單設置，清理方便又無臭味，正是可攜式馬桶最理想的模型。如果研發成功，我想不止能當看護用廁所，也很適合裝設於露營車等移動式的生活空間內。

雖然巖先生說目前還在實驗階段，看他如此熱心地說明，我深深覺得這項研發絕對會有成功的一天的。

要離開之前，我蹲上便槽親身體驗了一下。不過畢竟一時之間也大不出來，我望著便槽內的鋸屑，忽然想起谷崎潤一郎[注八]某篇文章中提到的一段軼事。

有位中國名人大量收集飛蛾的翅膀裝在壺中，要上大號時便將壺擺在廁所地板下，由於蛾的翅膀又輕又柔，糞便一落進蛾翅膀堆中，瞬間便靜悄悄地不見蹤影；谷崎潤一郎描述道——沒有比這更奢侈且唯美的廁所了。雖然鋸屑與飛蛾翅膀相去甚遠，總覺得這清柔地承受並掩埋排泄物的美感，還滿接近的。

注八　谷崎潤一郎，(1886—1965)，日本著名小說家，曾獲諾貝爾文學獎提名。代表作有長篇小說《春琴抄》、《細雪》，創造出獨特豔麗官能美與陰翳古典美的世界，被日本文學界推崇為唯美派大師。

我那位於八岳山麓的家裡目前有兩座廁所，由於三年前設立了咖啡店，我正在考慮是否再增建一座廁所。

不如這次就來蓋一座生技型的好了，反正整個系統機制並不困難，我家的屋子也是自己蓋的，新廁所也來DIY吧。

或許像這樣構造簡單、環保、未來發展性高的廁所，對於身為廁所評論家兼背包客(自認)的我來說，再適合不過。